切换 LPV 系统的事件触发和 H_∞ 控制

朱孔伟　著

西北工业大学出版社
西　安

图书在版编目(CIP)数据

切换LPV系统的事件触发和H_∞控制 / 朱孔伟著. —
西安 :西北工业大学出版社,2021.11
ISBN 978-7-5612-8074-4

Ⅰ.①切… Ⅱ.①朱… Ⅲ.①航空发动机-控制系统
-H_∞控制-研究 Ⅳ.①V233.7

中国版本图书馆CIP数据核字(2022)第101373号

QIEHUAN LPV XITONG DE SHIJIAN CHUFA HE H_∞ KONGZHI
切换LPV系统的事件触发和H_∞控制
朱孔伟 著

责任编辑:	朱辰浩	**策划编辑:**	张 晖
责任校对:	孙 倩	**装帧设计:**	李 飞
出版发行:	西北工业大学出版社		
通信地址:	西安市友谊西路127号	邮编:	710072
电 话:	(029)88491757, 88493844		
网 址:	www.nwpup.com		
印 刷 者:	西安五星印刷有限公司		
开 本:	787 mm×1 092 mm		1/16
印 张:	6.375		
字 数:	167千字		
版 次:	2021年11月第1版		2021年11月第1次印刷
书 号:	ISBN 978-7-5612-8074-4		
定 价:	48.00元		

前 言

切换系统是一类重要和特殊的混杂系统，而切换线性变参数(Linear Parameter Varying，LPV)系统可以看作切换系统和 LPV 系统的综合。可以说切换 LPV 系统是为解决工程实践的问题而产生的，具有广泛的应用背景和重要的理论意义，因此受到广大学者的重视。针对切换 LPV 系统的研究产生了许多有重要意义的研究成果，其中研究的主要方向是该类系统的稳定性问题。与通常不含变参数的切换系统一样，切换 LPV 系统也存在系统的连续动态和离散动态的相互作用，另外还有调度参数对系统的影响。因此，切换 LPV 系统的复杂性使得该类系统的研究比一般的切换线性系统的研究面临更多的困难。通常需要同时设计系统控制器和切换信号，此外还要处理调度参数。从工程实现的角度出发，调度参数可能会受到扰动或测量噪声的影响，设计者可能得不到调度参数的准确测量值。在理论上设计好控制器后，设计者还需要考虑系统信号的传输问题，因而考虑切换 LPV 系统的事件触发控制具有重要地位。考虑到切换 LPV 系统在理论与实践中的重要意义和切换 LPV 系统研究中存在的大量困难，目前有许多问题值得研究。本书针对切换 LPV 系统，研究镇定和 H_∞ 控制问题，包括研究在 H_∞ 意义下的跟踪控制问题、滤波问题，以及研究建立在滤波器基础之上的故障检测与控制问题，还有研究事件触发机制下的系统镇定问题等。

本书的主要内容包括以下几方面：

(1)在第 3 章和第 4 章，研究切换 LPV 系统的 H_∞ 跟踪控制问题，以及带有执行器饱和的扰动容许控制和 L_2 增益分析问题。针对切换 LPV 系统受参数影响的特点，利用参数依赖的多 Lyapunov 函数法，设计调度参数依赖的切换律及控制器，给出问题可解的充分条件并化成 LMI 以实现控制目标。所设计的切换律充分体现参数对系统的影响。

(2)第 5 章研究切换 LPV 系统的 H_∞ 滤波问题。通过设计 H_∞ 滤波器，以及依赖于滤波器状态的控制器和同时依赖于滤波器状态和调度参数的切换律，为切换 LPV 系统的 H_∞ 滤波问题提供一个解决方案。通过基于参数依赖的多 Lyapunov 函数法，给出 H_∞ 滤波问题可解的一个充分条件。即使每一个子系统的 H_∞ 滤波问题不可解，在所设计的切换律和控制器的作用下，切换 LPV 系统的 H_∞ 滤波问题仍然可解。

(3)第 6 章研究当调度参数测量值不准确时，对滤波器与控制器同时设计的故障检测问题。由于噪声及测量误差等的影响，所以可能得不到调度参数准确的测量值，设计依赖于不准确的调度参数测量值的故障检测滤波器和控制器，并给出 H_∞ 故障检测问题可解的充分条件。尽管系统调度参数的测量值不准确并且系统状态不可测，但故障检测问题仍然是可解的。应用模型依赖的平均驻留时间切换方法，使各个子系统可以有自己的平均驻留时间，从而增加设计的灵活性并降低保守性。

(4)第 7 章研究切换 LPV 系统的事件触发控制问题。在保证系统性能的基础上，按照事件触发机制把系统调度参数和状态的采样值都输送到控制器中，放宽控制器的调度参数时时在线获得的假设条件。根据系统控制器是否预先设计的情况，设计两种事件触发机制：①触发机制同时依赖于系统状态和调度参数；②触发机制分别依赖于系统状态和调度参数。所设计的触发机制可在保证系统性能的基础上降低事件触发次数，并不需要预先给出调度参数的触发条件，得到触发时间间隔的正下界，从而避免过频触发的现象。应用平均驻留时间切换方法，得到闭环切换 LPV 系统关于测量误差输入状态指数稳定的结果。

上述各种控制方案都在航空发动机切换 LPV 模型上得到验证。第 8 章是全书的总结和展望。

本书的出版得到了临沂大学博士启动基金（项目编号：LYDX2020BS003）及国家自然科学基金青年科学基金（项目编号：61901206）的资助。感谢笔者的导师给予的辛勤指导，感谢临沂大学信息科学与工程学院的各位领导和老师的支持与帮助，最后衷心感谢笔者的家人给予的大力支持。

近几十年来，国内外学术界对切换系统的研究产生了大量的成果，在编写本书的过程中，笔者参考了大量文献资料，在此对这些作者表示感谢。

由于水平有限，书中难免有不妥之处，敬请各位读者批评指正。

著　者

2021 年 8 月

目　录

第1章 绪 论

1.1 切换系统概述

1.1.1 切换系统的概念

控制理论在日常生活及工程实践中具有重要的作用。从第二次世界大战至今，控制理论在各个领域得到了广泛的应用。大量的研究者对控制理论进行研究，并得到了许多重要的研究成果。通常在研究控制理论和控制设计时，需要用微分或差分方程来描述被控系统的动力学特征以建立系统模型，然后从该模型出发进行系统分析与综合设计等工作。在生产、生活及工程领域中，有一类系统的动态行为是由连续演化和离散演化混合而成的，同时该连续演化和离散演化行为之间又相互影响，这类系统被称为混杂系统（Hybrid Systems）。混杂系统在现实中具有广泛的应用，与日常生活密切相关，如电子通信系统、交通管理系统等。

最早提出混杂系统概念的是美国学者 Winstsenhausen，他在 1966 年发表在 *IEEE Transaction on Automatic Control* 的文献[1]中建立了混杂动态系统的模型，并开始对这种具有离散和连续特点的动态系统进行研究。由于混杂系统比单一模型的系统能更精确地描述系统的动态行为，并且能够实现更高精度的控制目标，所以混杂系统引起了学者的普遍重视与关注[2-4]，并使得该类系统成为系统科学、控制科学和计算机科学等各领域的研究热点之一。

切换系统（Switched Systems）是一类相对简单并且重要的混杂系统。该类系统具有广泛的工程实际背景，如切换系统或切换控制在机器人控制[5]、交通管理控制[6]和网络通信控制[7]等领域中都已得到了实际应用。一般说来，切换系统的连续系统状态由若干个子系统的状态来描述，其离散动态指的是切换规则，它决定某一时刻执行哪个子系统并指导和协调整个系统的演化。其连续（或离散）时间的子系统通常用一组微分（或差分）方程来描述，而切换规则通常依赖于时间、系统的状态或其他信号等。

一个非线性切换系统一般可用如下的模型进行描述：

$$\left.\begin{aligned}\dot{\boldsymbol{x}}(t) &= f_{\sigma(t)}(\boldsymbol{x}(t),\ \boldsymbol{u}_{\sigma(t)}(t))\\ \boldsymbol{y}(t) &= g_{\sigma(t)}(\boldsymbol{x}(t))\end{aligned}\right\} \tag{1.1}$$

式中：$\sigma(t):\mathbf{R}_+=[0,+\infty)\rightarrow\mathbf{Z}_m=\{1,2,\cdots,m\}$表示切换信号，它是一种分段连续的常值函数，在这里 m 是子系统的个数；$\boldsymbol{x}(t)\in\mathbf{R}^{n_x}$是系统的状态；$\boldsymbol{u}_\sigma(t)\in\mathbf{R}^{n_u}$是系统的控制输入信号；$\boldsymbol{y}(t)\in\mathbf{R}^{n_y}$是系统的输出信号；函数$\{f_\sigma|\sigma(t)\in\mathbf{Z}_m\}$是一族 $\mathbf{R}^{n_x}\rightarrow\mathbf{R}^{n_x}$ 的函数，$\{g_\sigma\mid\sigma(t)\in\mathbf{Z}_m\}$是一族$\mathbf{R}^{n_y}\rightarrow\mathbf{R}^{n_y}$的函数，它们用来描述该非线性系统的动力学特征，其中 $\mathbf{Z}_m$ 是指标集，当$\sigma(t)=i$ 时，

表示第 i 个子系统被激活，此时系统式(1.1)的状态轨迹就是第 i 个子系统的轨迹。切换系统的结构示意图如图 1.1 所示。

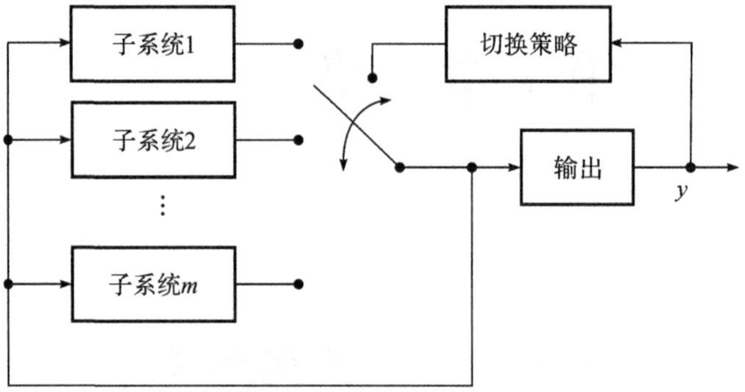

图 1.1 切换系统结构示意图

如果切换系统的各个子系统都是线性时不变子系统，则切换系统式(1.1)有如下的形式：

$$\left.\begin{aligned}\dot{\boldsymbol{x}}(t) &= \boldsymbol{A}_\sigma(\boldsymbol{x}(t)) + \boldsymbol{B}_\sigma(\boldsymbol{u}(t)) \\ \boldsymbol{y}(t) &= \boldsymbol{C}_\sigma(\boldsymbol{x}(t))\end{aligned}\right\} \tag{1.2}$$

式中，$\boldsymbol{A}_i \in \mathbf{R}^{n_x \times n_x}$，$\boldsymbol{B}_i \in \mathbf{R}^{n_x \times n_u}$，$\boldsymbol{C}_i \in \mathbf{R}^{n_y \times n_x}$ 是常数矩阵。系统式(1.2)称为切换系统。

相对于一般混杂系统而言，切换系统的结构更简单一些，更便于进行系统的分析和设计。但是连续动态和离散事件的相互作用，使其仍具有相当的特殊性和复杂性。切换系统的动态行为不是各子系统动态的简单叠加，它还与切换规则密切相关。即使各个子系统是线性系统，切换线性系统仍会呈现出复杂的非线性特性。一个众所周知的特性是：一方面，即使每个子系统都是稳定的，如果切换规则选择不当，切换系统仍有可能是不稳定的；另一方面，即使每个子系统都是不稳定的，但设计恰当的切换规则也能使得整个切换系统稳定[8]。

例如，考虑只有两个子系统的切换系统，并且在二维坐标平面上进行切换。假设两个子系统都是渐近稳定的，其轨迹分别如图 1.2(a)(b)所示[8]，在不同的切换信号下，切换系统可能是渐近稳定的也可能是不稳定的。另外如图 1.3 所示[8]，两个子系统是不稳定的，通过设计不同的切换规则，切换系统可能是稳定的也可能是不稳定的。由此可见，设计恰当的切换规则可以提高系统的控制能力，能够完成一些由单一控制器无法完成的任务。否则，如果切换规则设计不当，将会对控制系统产生不良的影响。

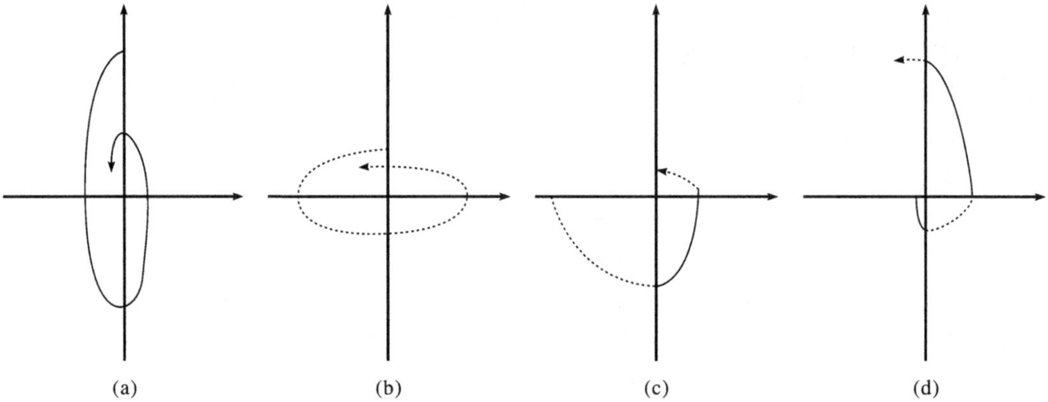

图 1.2 稳定子系统之间的切换结果示意图

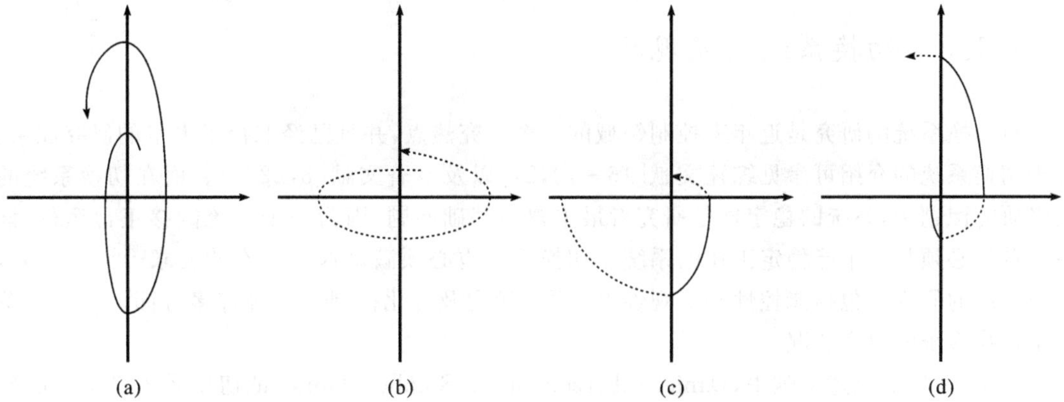

图 1.3　不稳定子系统之间的切换结果示意图

1.1.2　切换系统研究背景

切换系统不仅有着重要的理论意义，它还有广泛的实际工程应用价值。例如，室温控制系统[9]、电力发电控制系统[10]、汽车驾驶自动换挡控制[11]、计算机磁盘驱动器切换系统[12]、双水塔系统[9]和电动汽车控制系统[13]等都可以用切换系统来描述。在其他方面，如生物领域中的细胞的生长与死亡、生产线系统控制领域等也可以用切换系统进行处理。切换系统的产生源于实际工程需要，其理论发展又为解决实际问题提供了有力的理论支持，反过来也促进了工程实践的发展。

下面给出切换系统的具体应用实例。

例 1.1　室温控制系统[9]。室温控制系统是由加热装置和温度调节部件组成的。系统的连续状态为室温，离散的动态行为是加热器的"开"与"关"的两种模式，可以分别记为 0 和 1。它们分别对应不同的连续动态过程，决定室温的升与降。如果室温低于设定的温度，则打开加热器进行加热，此时室温处于温度上升模态；反之，如果室温高于设定的温度，则关闭加热器，此时室温处于温度下降模态。加热器就在"开"与"关"这两种模式之间进行切换。相应的室温就在加热和降温两个不同的子系统之间转换，不断地在升降中交替进行。室温控制系统的示意图如图 1.4 所示。

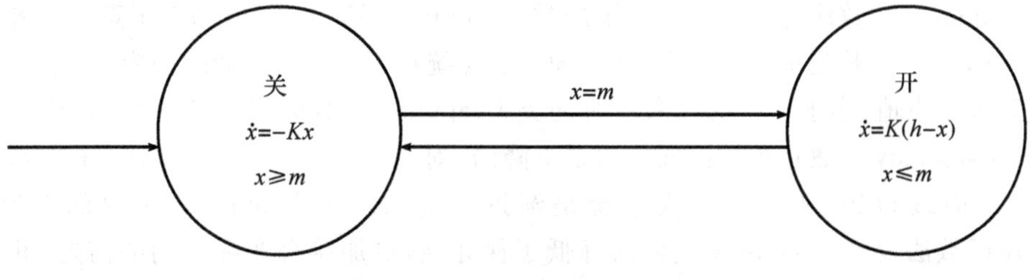

图 1.4　室温控制系统示意图

另外，半导体技术中的调挡器系统[14]、行走机器人控制系统[15]等都是工程实际上常见的切换系统及切换控制应用的实例。

1.1.3 切换系统研究现状

对切换系统的研究是近年来控制领域的一个研究热点，并且已经取得了大量的研究成果。关于切换系统的介绍可参见综述文献[16 - 19,21]以及专著文献[8,22]等。而在切换系统的众多研究课题中，系统的稳定性是研究者最重视的基础问题，因为一个系统能够正常运行，该系统首先必须是一个能稳定工作的系统。切换系统也必须满足这一基本的要求[22-23]。另外，切换系统的研究还包括能控性和能观性[17]、系统镇定及优化控制[24-25]等许多方面。下面简单介绍切换系统的研究状况。

在 1999 年的综述文献中，Daniel Liberzon 和 A. Stephen Morse 把切换系统稳定性的研究归结为以下 3 个基本问题[16]：

(1)寻找在任意切换信号下切换系统稳定的条件；

(2)在受限切换信号下切换系统的稳定性研究；

(3)如何设计切换信号使得切换系统稳定。

对于上述的问题，研究者们已经从各方面进行了详细的研究，并提出了各种控制方法。经典的 Lyapunov 稳定性理论及其各种推广形式成为切换系统稳定性分析的主要工具，主要有共同 Lyapunov 函数法、单 Lyapunov 函数法和多 Lyapunov 函数法。

共同 Lyapunov 函数法是用来研究任意切换信号下系统稳定性的方法。如果切换系统的所有子系统有一个共同的 Lyapunov 函数，它沿所有子系统的时间导数都是负（半）定性的，则此切换系统在任意切换信号下是渐近稳定（稳定）的。关于共同 Lyapunov 函数存在的条件或构造共同 Lyapunov 函数的方法已有很多结果[4,26]。

单 Lyapunov 函数法同样是各个子系统共用同一个类 Lyapunov 函数，与共同 Lyapunov 函数方法不同的是，该类 Lyapunov 函数对每个子系统的时间导数不一定是负定的，但每个子系统都能够在特定的激活时间段内保证该类 Lyapunov 函数的导数值为负（函数下降区域）。如果所有子系统的类 Lyapunov 函数下降区域能够合并成整个状态空间，则能够以保证类 Lyapunov 函数下降为原则确定出每个子系统的工作区域，也就是设计出使系统稳定的切换规则[8]。但是单 Lyapunov 函数方法的缺点是，此方法要求对切换系统的所有子系统找到同一个类 Lyapunov 函数，以满足在整个状态空间递减的要求。显然，选取这样的类 Lyapunov 函数也是比较困难的。

多 Lyapunov 函数法是指每个子系统的类 Lyapunov 函数不相同，即各子系统有各自的类 Lyapunov 函数[27]。其基本思想如下：如果同一子系统在下一次被激活时的类 Lyapunov 函数的终点值（或起点值）小于上一次被激活时的类 Lyapunov 函数的终点值（或起点值），并且子系统的类 Lyapunov 函数在激活区间段内是下降的，则整个切换系统的类 Lyapunov 函数总体上将呈现出递减趋势，那么该切换系统是渐近稳定的。在 Lyapunov 函数的选取上，多 Lyapunov 函数法较单 Lyapunov 函数法降低了保守性，更加符合实际应用的需要，并且更容易构造出符合这种特点的类 Lyapunov 函数。但是其缺点是，必须满足类 Lyapunov 函数在切换序列右（或左）端点处的单调下降性。

在多 Lyapunov 函数法的框架下，又分别发展出与驻留时间[28-29]相关的切换法和最大最小切换法。其中驻留时间和平均驻留时间切换法均要求所有子系统都满足赫尔维茨条件，并且在切换点处相邻的两个子系统的类 Lyapunov 函数值的升降幅值是有限的，它们的主要思想都是通过让子系统运行足够长的时间来抵消 Lyapunov 函数值的上升所带来的不利影响，从而使类 Lyapunov 函数值具有整体的收敛效果。在此基础上又发展出模型依赖的平均驻留时间切换法[30]。使用切换规则时，各子系统有不同的平均驻留时间，从而增大了设计的自由度。最大最小切换法属于设计切换信号的方法。该方法通过划分状态空间，以保证子系统的类 Lyapunov 函数在其激活区间内是下降的，在切换点处比较函数值时，要求切换点处不同类 Lyapunov 函数值相等，以保证类 Lyapunov 函数在整个状态空间上是下降的。进一步，文献[31]定义了更一般意义上的类 Lyapunov 函数，该函数不要求在切换点处的严格非增条件，从而使得多 Lyapunov 函数法具有更为广泛的适用范围。

为了避免状态依赖的切换规则可能会产生频繁切换的现象，研究者们又设计出一种新的切换规则，该切换规则不仅依赖系统的状态，而且还有驻留时间的约束，从而避免了切换时出现频繁切换[35-37]。另外，在切换系统中用结合无源性、耗散性的关于能量的方法进行系统的分析与设计具有重要的意义[38-39]。基于能量的观点，利用交互供给律的概念以描述各个子系统之间的能量交互关系，是切换系统分析和设计的另一有力的工具。

1.2　LPV 系统

1.2.1　LPV 系统及其控制理论

LPV 系统的理论可以追溯到增益调度控制方法。由于非线性系统的研究十分复杂，所以在实际控制中有时需要用反映系统参数变化的控制器来对被控对象进行增益调度控制。此类控制方法主要源于对飞行器、导弹等控制设计的需要[40-42]。由于这些飞行器在空中飞行时，飞行状况的变化非常剧烈，所以它们的动态也相应地发生变化。传统的控制方法此时已经不能满足控制的需要，研究设计人员开始使用增益调度控制的方法进行控制设计。虽然增益调度控制已广泛地应用于工程实际中，但是该控制方法对于系统的稳定性分析缺乏理论依据，需要通过大量的仿真测试或反复试凑才能得到较好的控制效果。

为克服这种局限，研究者们考虑直接用参数相关的系统，即 LPV 系统来进行控制设计。LPV 系统最早于 1990 年左右被提出[43-44]。该系统的主要特点之一是其状态空间矩阵依赖于可变化的参数变量。LPV 系统可以看作对线性时不变系统的推广，它既考虑实时变化的参数与系统性能之间的关系，又比线性时不变系统更接近系统本来的非线性特点，而且还可以应用线性系统的控制方法进行设计。与增益调度控制方法相比，LPV 系统能够为系统的稳定性分析和设计提供理论依据。

LPV 系统具有以下形式：

$$\left.\begin{aligned}\dot{\boldsymbol{x}}(t) &= \boldsymbol{A}(\boldsymbol{\rho}(t))\boldsymbol{x}(t) + \boldsymbol{B}(\boldsymbol{\rho}(t))\boldsymbol{u}(t)\\ \boldsymbol{y}(t) &= \boldsymbol{C}(\boldsymbol{\rho}(t))\boldsymbol{x}(t) + \boldsymbol{D}(\boldsymbol{\rho}(t))\boldsymbol{u}(t)\end{aligned}\right\} \tag{1.3}$$

式中，系统矩阵 $\boldsymbol{A}(\boldsymbol{\rho}(t))$，$\boldsymbol{B}(\boldsymbol{\rho}(t))$，$\boldsymbol{C}(\boldsymbol{\rho}(t))$，$\boldsymbol{D}(\boldsymbol{\rho}(t))$ 是时变参数 $\boldsymbol{\rho}(t)$ 的函数，且参数 $\boldsymbol{\rho}(t)\in\mathscr{F}$ 是可实时测量的。LPV 系统具有以下特点[45]：一方面，LPV 系统可被看作具有参数不确定性

$\boldsymbol{\rho}(t)$的线性时不变系统;另一方面,LPV 系统也可被看作一个非线性系统沿着参数 $\boldsymbol{\rho}(t)$ 的轨迹线性化的模型。其中,LPV 系统的主要优点是能够用已经成熟的线性系统的控制方法来处理一类非线性系统[46]。

1.2.2 LPV 系统的研究进展

LPV 系统从被提出开始就得到了广泛应用。Packard、Apkarian 和 Gahinet 等人将 LPV 控制问题转化为鲁棒控制问题进行研究,并用线性分式变换(Linear Fractional Transformation, LFT)的方法描述 LPV 系统[47-49]。其中文献[49]还将小增益理论应用于线性变参数系统。

除了 LFT 描述方法以外,Becker、Parkard 等人还用仿射形式的方法描述了 LPV 系统。在该描述方法中,参数是在凸集内的时变函数, LPV 系统的系统矩阵仿射依赖于该时变参数。文献[50]给出了保证变参数系统的指数稳定和 L_2 增益性能的充分条件,这种方法比基于小增益理论的方法具有更小的保守性。文献[45]应用多胞技术直接设计参数依赖的控制器,并将控制器的设计转化为一种参数不确定的鲁棒 H_∞ 设计问题。在使用该设计方法时,只需要在参数和其导数区域顶点求解线性矩阵不等式。但是,当参数比较多时,矩阵的规模会比较大,线性矩阵不等式的求解会更复杂。

当系统的调度参数在一个较大的区域内变化时,求解一个参数无关的 Lyapunov 函数就会变得十分困难。为了进一步减小保守性,文献[45]针对系统调度参数慢变的系统用网格法给出了满足 H_∞ 性能指标的线性矩阵不等式条件。与参数无关的 Lyapunov 函数进行比较,参数依赖型的 Lyapunov 函数能体现调度参数对系统性能的影响。由于需要应用网格法进行求解,所以所求线性矩阵不等式的数量会随网格数的增加呈指数增长。

LPV 系统既有增益调度控制方法所具有的应用性强的特点,又能为系统稳定性分析和相关的控制设计提供坚实的理论基础。因此,该系统在各个领域均得到了广泛的应用,如导弹控制系统[51-53]、飞机控制系统[54-55]、太空飞行器控制[56-57]和二阶倒立摆控制设计[58]等。

目前在实际的控制系统中广泛应用数字控制设备进行系统的实现[59]。在使用数字控制设备时需要对系统信号进行采样并经由通信通道进行传输。这时候通常用离散系统的理论进行分析和设计[60]。尽管这种基于周期性采样的控制方法便于控制技术的具体实现,但是不能节约通信资源等,为此文献[61]提出了事件触发的控制方法。事件触发机制可以在保证系统的控制性能的基础上更新控制系统中需要的信号[62]。针对事件触发机制的控制已经有大量的研究成果[63-66]。

因为 LPV 系统在控制的具体实现过程中也需要应用数字控制设备,所以有必要针对 LPV 系统进行事件触发控制研究。当前关于 LPV 系统的事件触发控制已经产生了一些研究成果[67-70]。在对 LPV 系统进行事件触发控制设计时,系统调度参数的采样信息也必须经过通信线路输送到控制器中。与线性时不变系统的事件触发控制设计相比,LPV 系统在事件触发机制下的稳定性分析与控制设计要困难得多。文献[69]研究了离散 LPV 系统事件触发的 H_∞ 控制问题,但是作者假设控制器中的调度参数是在线获得的,并没有考虑往设计的控制器中传输调度参数的采样信息。文献[67]在 LPV 系统的事件触发控制中把调度参数的采样信息传输给控制器,并设计了依赖于采样周期和参数误差的触发条件,但是关于参数的触发条件是在没有考虑系统性能要求时事先给定的。文献[68]研究了离散 LPV 系统的事件触发的滤波问题，关于参数的触发条件也是事先给定的而没有考虑系统的性能。因此在研究 LPV 系统的事件触发问题时，有必要根据系统的性能来设计关于参数的触发条件，而不是事先给定而不考虑系统性能的需要。

1.2.3 切换 LPV 系统

切换 LPV 系统是 LPV 系统和切换系统综合得到的一类系统，这类系统比单独的线性变参数系统或线性切换系统更加广泛。切换 LPV 系统的一般形式如下：

$$\left.\begin{aligned}\dot{\boldsymbol{x}}(t) &= \boldsymbol{A}_{\sigma(t)}(\boldsymbol{\rho}(t))\boldsymbol{x}(t) + \boldsymbol{B}_{\sigma(t)}(\boldsymbol{\rho}(t))\boldsymbol{u}(t)\\ \boldsymbol{y}(t) &= \boldsymbol{C}_{\sigma(t)}(\boldsymbol{\rho}(t))\boldsymbol{x}(t) + \boldsymbol{D}_{\sigma(t)}(\boldsymbol{\rho}(t))\boldsymbol{u}(t)\end{aligned}\right\} \tag{1.4}$$

式中：$\boldsymbol{x}(t)$为系统状态；$\boldsymbol{u}(t)$为控制输入；$\boldsymbol{\rho}(t)$为时变参数；$\sigma(t)$为切换信号。可以看出：一方面，当系统中没有切换信号时，系统式(1.4)即 LPV 系统；另一方面，当系统中没有调度参数时，该类系统就变成一般的线性切换系统。

切换 LPV 系统按切换信号 $\sigma(t)$可以分为以下几类情况：

(1)一类是切换信号 $\sigma(t)$依赖于时变参数 $\boldsymbol{\rho}(t)$。当调度参数在参数集的不同区域内变化时，系统动态有比较大的区别，此时将系统在不同的参数子集分别建模为不同的 LPV 子系统。当调度参数在整个参数集内变化时，整体的系统就是切换 LPV 系统，系统中的切换信号 $\sigma(t)$完全由调度参数来确定。当参数变化到一个子集中时，根据切换信号就可激活相应的子系统。

(2)另一类是切换信号 $\sigma(t)$依赖于系统的运行时间或系统状态。它的切换规则与系统中的调度参数可以无关，在这类切换 LPV 系统中，调度参数是作为同一个集合来加以考虑的。

(3)再有一类是切换信号 $\sigma(t)$可同时依赖于系统状态和调度参数[71-72]。此时既需要对系统状态空间进行划分，也需要对参数空间进行划分。这种切换规则既体现系统调度参数的影响，也反映系统状态的影响。

1.2.4 切换 LPV 系统的研究背景及现状

切换 LPV 系统于 1999 年被首次提出[73]，根据参数的变化设计不同的控制器，并将设计结果应用于混杂系统。为克服使用单一类 Lyapunov 函数的局限性，文献[74]使用切换的思想设计多个控制器来控制一个变参数系统。在以上结果中，针对同一个变参数系统，使用多个变参数控制器，使得其闭环系统变为切换 LPV 系统。延续上面的设计思想，文献[12]针对被控对象是变参数系统的情况，设计多控制器，得到了进一步的研究结果。在该结果中，给出了问题求解的充分条件，并使得在切换时刻系统的类 Lyapunov 函数值是下降的。为降低建模后的系统误差，文献[75]将导弹系统建模成切换 LPV 系统并且设计了切换 LPV 控制器，该研究结果对切换 LPV 导弹模型进行了 H_∞控制设计。

在 2006 年，文献[76]考虑切换 LPV 系统的被控对象，应用平均驻留时间切换规则并设计了切换 LPV 控制器，同时考虑了采用控制器状态重置的方法来避免文献[12]中矩阵不等式中出现的非凸情况。在此之后，切换 LPV 系统及控制方法应用于 F－16 飞机模型的容错控制中[77]。该文献将正常运行的飞机模型和失效的模型建模为变参数模型，应用平均驻留时间方法，当飞机控制器失效时也能够使飞机稳定运行。

文献[78]使用了平均驻留时间方法为不同的参数子集设计了不同的控制器，并提出了保证系统稳定的充分条件。文献[79]针对 LPV 系统的不同的参数子集设计了不同的变参数控制器。在设计中每个控制器彼此独立，不同的控制器在保证系统全局稳定的同时也使局部控制器设计得以简化。文献[80]考虑了系统的降阶问题，对切换 LPV 系统使用平均驻留时间切换规则进行了分析和设计。文献[81]用平均驻留时间的切换方法研究了切换 LPV 系统的容错控制问题，进一步考虑调度参数得不到准确测量值的情况。文献[82]应用模型依赖的平均驻留时间切换方法研究了切换 LPV 系统的故障检测问题。

为了体现调度参数对切换规则的影响，文献[71]设计了同时依赖于系统状态和参数的切换规则。类似地，文献[72]设计了依赖于滤波器状态的切换规则，并研究了切换 LPV 系统的 H_∞ 滤波问题。在研究切换 LPV 系统的抗扰动控制时，文献[83]对依赖于系统状态和调度参数的切换规则增加了驻留时间约束，从而避免了在切换时出现频繁切换的现象。

切换 LPV 系统的研究提出，本身就源于处理实际问题[74]，在对切换 LPV 系统进行研究的 10 余年中，研究工作与实际应用紧密联系在一起，应用非常广泛。它的应用包括磁轴承系统[12,74]、导弹系统[75]、飞行器系统[76-77,84]、风力发电机系统[85]等。

切换 LPV 系统的研究远未成熟，尚没有建立起完整的理论体系，还有很多问题有待于更进一步的研究。

1.3 本书主要工作

本书的研究成果可总结如下：

(1)针对切换 LPV 系统，利用参数依赖的多 Lyapunov 函数法，设计参数依赖的切换规则和状态反馈的控制器，给出模型参考 H_∞ 跟踪问题的可解性条件。所设计的参数依赖的切换规则能充分反映外部参数的变化对系统的影响。

(2)针对带有执行器饱和的情况，研究切换 LPV 系统的扰动容许控制和 L_2 增益分析问题。设计参数依赖的切换规则和控制器，并给出切换 LPV 系统的扰动容许控制的可解性条件。考虑到系统外部参数不能充分反映系统内部动态，双重设计参数和系统状态同时依赖的切换规则和参数依赖的状态反馈控制器，并给出切换 LPV 系统的 L_2 增益分析问题的可解性条件。

(3)针对各子系统 H_∞ 滤波不可解的情况，设计输出反馈型的参数依赖控制器，以及依赖于滤波器状态和调度参数的切换规则，得到切换 LPV 系统的 H_∞ 滤波问题的可解性条件。

(4)考虑了系统调度参数存在测量误差的情况，双重设计各个子系统的故障检测滤波器和控制器，利用模型依赖平均驻留时间的切换方法解决切换 LPV 系统在 H_∞ 意义下的故障检测问题。尽管得不到调度参数的准确值，切换 LPV 系统的故障检测问题仍然可解。

(5)研究切换 LPV 系统的事件触发机制下的镇定问题。根据系统控制器是否预先设计的情况，设计两种事件触发控制方案：①系统状态和调度参数同时依赖的触发机制；②分别依赖于系统状态和调度参数的触发机制。所设计的触发机制去掉控制器的要求调度参数实时可测的假设条件，降低事件触发次数，并且不需要预先给定调度参数的触发条件。尽管有调度参数的影响，仍然得到触发时间间隔的正下界。

所设计的上述控制方案均在航空发动机切换 LPV 模型上得到仿真验证。

第2章 预备知识

本章将给出书中经常使用的若干基本概念和引理、航空发动机切换 LPV 模型以及相应的符号。

2.1 常用概念和引理

定义 2.1[19] 对于任意一个切换信号 $\sigma(t)$ 和任意的 $t\geqslant\tau\geqslant0$，如果都有下面的不等式

$$N_\sigma(t,\tau)\leqslant N_0+\frac{t-\tau}{\tau_a} \tag{2.1}$$

成立，则称正数 τ_a 是平均驻留时间。其中，$N_\sigma(t,\tau)$ 表示在时间段 (τ,t) 内的切换次数，N_0 表示抖振次数的上界。

考虑一个矩阵 $\boldsymbol{S}\in\mathbf{R}^{n\times n}$，并将该矩阵 $\boldsymbol{S}$ 进行分块：

$$\boldsymbol{S}=\begin{bmatrix}\boldsymbol{S}_{11} & \boldsymbol{S}_{12}\\ \boldsymbol{S}_{21} & \boldsymbol{S}_{22}\end{bmatrix}$$

其中，$\boldsymbol{S}_{11}$ 是 $r\times r$ 维的。假定 $\boldsymbol{S}_{11}$ 是非奇异的，则 $\boldsymbol{S}_{22}-\boldsymbol{S}_{21}\boldsymbol{S}_{11}^{-1}\boldsymbol{S}_{12}$ 称为 $\boldsymbol{S}_{11}$ 在 $\boldsymbol{S}$ 中的 Schur 补。以下引理给出了矩阵的 Shur 补性质。

引理 2.1(Schur 补引理)[20] 对给定的对称矩阵 $\boldsymbol{S}=\begin{bmatrix}\boldsymbol{S}_{11} & \boldsymbol{S}_{12}\\ \boldsymbol{S}_{21} & \boldsymbol{S}_{22}\end{bmatrix}$，其中 $\boldsymbol{S}_{11}$ 是 $r\times r$ 维的，以下 3 个条件是等价的：

(1)$\boldsymbol{S}<0$；

(2)$\boldsymbol{S}_{11}<0,\boldsymbol{S}_{22}-\boldsymbol{S}_{12}^{\mathrm{T}}\boldsymbol{S}_{11}^{-1}\boldsymbol{S}_{12}<0$；

(3)$\boldsymbol{S}_{22}<0,\boldsymbol{S}_{11}-\boldsymbol{S}_{12}\boldsymbol{S}_{22}^{-1}\boldsymbol{S}_{12}^{\mathrm{T}}<0$。

引理 2.2[86] 取矩阵 $\boldsymbol{D}$、$\boldsymbol{E}$ 为带有适合维数的实矩阵，并且有矩阵 $\boldsymbol{F}$ 满足条件 $\|\boldsymbol{F}\|\leqslant1$，那么对任意的标量 $\gamma>0$，不等式

$$\boldsymbol{DFE}+\boldsymbol{E}^{\mathrm{T}}\boldsymbol{F}^{\mathrm{T}}\boldsymbol{D}^{\mathrm{T}}\leqslant\gamma^{-1}\boldsymbol{DD}^{\mathrm{T}}+\gamma\boldsymbol{E}^{\mathrm{T}}\boldsymbol{E} \tag{2.2}$$

成立。

引理 2.3[87] 给定一个非奇异矩阵 $\boldsymbol{V}$ 以及对称矩阵 $\boldsymbol{Y}$ 和 $\boldsymbol{X}_i$，$i\in\mathbf{Z}_m$，则可知下列条件成立：

$$\begin{bmatrix}\boldsymbol{Y} & *\\ \boldsymbol{I} & \boldsymbol{X}_i\end{bmatrix}>0 \tag{2.3}$$

能够确定非奇异矩阵 $\boldsymbol{U}_i$ 以及对称矩阵 $\hat{\boldsymbol{Y}}_i$ 和 $\hat{\boldsymbol{X}}_i$ 使得下列条件成立：

$$\left.\begin{aligned}\bar{\boldsymbol{S}}_i^{-1} &= \begin{bmatrix}\boldsymbol{Y} & * \\ \boldsymbol{V}^{\mathrm{T}} & \hat{\boldsymbol{Y}}_i\end{bmatrix} > 0 \\ \bar{\boldsymbol{S}}_i &= \begin{bmatrix}\boldsymbol{X}_i & * \\ \boldsymbol{U}_i^{\mathrm{T}} & \hat{\boldsymbol{X}}_i\end{bmatrix} > 0\end{aligned}\right\} \tag{2.4}$$

引理 2.4(投影引理)[88]　取矩阵 $\boldsymbol{\Phi} \in \mathbf{R}^{n\times n}$ 为一个对称矩阵并且给定矩阵 $\boldsymbol{\Gamma} \in \mathbf{R}^{p\times n}$，$\boldsymbol{\Lambda} \in \mathbf{R}^{m\times n}$，那么下面的结论是等价的：

(1)存在矩阵 $\boldsymbol{X} \in \mathbf{R}^{p\times m}$ 使得下面的不等式成立：

$$\boldsymbol{\Phi} + \boldsymbol{\Gamma}^{\mathrm{T}}\boldsymbol{X}\boldsymbol{\Lambda} + \boldsymbol{\Lambda}^{\mathrm{T}}\boldsymbol{X}^{\mathrm{T}}\boldsymbol{\Gamma} < 0$$

(2)矩阵不等式

$$\begin{cases}\boldsymbol{\Gamma}^{\perp\mathrm{T}}\boldsymbol{\Phi}\boldsymbol{\Gamma}^{\perp} < 0 \\ \boldsymbol{\Lambda}^{\perp\mathrm{T}}\boldsymbol{\Phi}\boldsymbol{\Lambda}^{\perp} < 0\end{cases}$$

成立，其中，$\boldsymbol{\Gamma}^{\perp}$ 和 $\boldsymbol{\Lambda}^{\perp}$ 分别是矩阵 $\boldsymbol{\Gamma}$ 和 $\boldsymbol{\Lambda}$ 的正交补矩阵。

引理 2.5(Finsler's 引理)[88]　取矩阵 $\boldsymbol{Q} \in \mathbf{R}^{n\times n}$ 和 $\boldsymbol{H} \in \mathbf{R}^{n\times m}$，使得 $\boldsymbol{H}^{\perp}$ 为满足 $\boldsymbol{H}^{\perp}\boldsymbol{H} = 0$ 的任意矩阵，那么下面的式子是等价的：

(1) $\boldsymbol{H}^{\perp}\boldsymbol{Q}\boldsymbol{H}^{\perp\mathrm{T}} < 0$；

(2) $\exists \boldsymbol{Y} \in \mathbf{R}^{m\times n}$：$\boldsymbol{Q} + \boldsymbol{H}\boldsymbol{Y} + \boldsymbol{Y}^{\mathrm{T}}\boldsymbol{H}^{\mathrm{T}} < 0$。

2.2　航空发动机的切换 LPV 建模

由于本书主要以航空发动机切换 LPV 模型为例进行仿真，所以在此简要介绍一下涡扇发动机的切换 LPV 模型。

对所研究的被控对象建立精确度高、结构简单的系统模型是进行系统控制设计的基础。航空发动机系统是具有复杂动态的多变量非线性系统，它的运行参数可以在一个较大的范围内变化。由于难以得到航空发动机准确的解析模型，所以只能应用近似的解析模型对航空发动机进行分析与控制设计[89]。对于发动机的控制已经取得了许多研究成果[90-93]。非线性的研究方法很难应用于这种多维的控制系统中，由原非线性系统得到的近似线性化方法只能保证具体操作点邻域附近的控制性能，而非线性系统的反馈线性化方法又缺乏鲁棒性。文献[91]用针对发动机非线性模型的反馈线性化方法对发动机进行了控制设计，该结果只能保证局部的线性输入输出性能。在非线性系统的控制设计中，增益调度的控制方法得到了广泛应用[94-95]，然而它不能在理论上保证远离工作点的稳定性能[46]。LPV 系统的控制方法可以对系统的稳定性分析等提供理论依据，因此 LPV 系统的控制方法在航空发动机控制中已经得到了广泛应用[92,96]。但是，当参数在较大的范围内剧烈变化时，单一的 LPV 模型通常不能充分反映系统的动态行为，因此很自然地用切换 LPV 系统来描述发动机的系统模型。

发动机非线性部件级模型是用机理方法得到的。它遵循发动机工作过程中的气动、热力学定律，由转动惯量产生的机械系统动态特性构成了发动机过渡态特性中最为重要的组成部分。模型中的 N_{f} 表示风扇、低压压气机和低压涡轮组合件的角速度，N_{c} 表示高压压气机、高压涡轮转子组合件的角速度。在本书中，N_{f}、N_{c} 分别代表风扇转速和核心机转速。根据牛顿

第二运动定律，用一组非线性方程组描述发动机的运行规律，可得

$$\begin{cases}\dot{N}_f = f_1(N_f, N_c, W_F, w)\\ \dot{N}_c = f_2(N_f, N_c, W_F, w)\end{cases}$$

式中：f_1，f_2 分别表示低压涡轮和高压涡轮产生的旋转力矩；W_F 为控制输入，在本书中它表示燃油流量；w 为干扰输入，它可解释为健康参数变化，也可表示发动机的退化或故障参数输入。

当对 W_F 和 w 以及一组 f_1，f_2 取固定值时，发动机可以到达某个稳态工作点，并且有相应的恒定转速。此时进行小信号线性化可得到如下模型：

$$\begin{cases}\Delta\dot{N}_f = \left.\dfrac{\partial f_1}{\partial N_f}\right|_0 \Delta N_f + \left.\dfrac{\partial f_1}{\partial N_c}\right|_0 \Delta N_c + \left.\dfrac{\partial f_1}{\partial W_F}\right|_0 \Delta W_F = \left.\dfrac{\partial f_1}{\partial \omega}\right|_0 \Delta w\\ \Delta\dot{N}_c = \left.\dfrac{\partial f_2}{\partial N_f}\right|_0 \Delta N_f + \left.\dfrac{\partial f_2}{\partial N_c}\right|_0 \Delta N_c + \left.\dfrac{\partial f_2}{\partial W_F}\right|_0 \Delta W_F = \left.\dfrac{\partial f_2}{\partial \omega}\right|_0 \Delta w\end{cases}$$

同时对于测量输出 $y = f_y(N_f, N_c, W_F, w)$ 进行线性化能得到下面的线性化模型：

$$\Delta y = \left.\frac{\partial f_y}{\partial N_f}\right|_0 \Delta N_f + \left.\frac{\partial f_y}{\partial N_c}\right|_0 \Delta N_c + \left.\frac{\partial f_y}{\partial W_F}\right|_0 \Delta W_F = \left.\frac{\partial f_y}{\partial \omega}\right|_0 \Delta w$$

其中，下标 0 表示偏导数是在稳态条件下进行计算的。在相同的稳态工作点下，不同的马赫数和不同的高度下可以得到不同的状态空间矩阵：

$$\begin{bmatrix}\left.\dfrac{\partial f_1}{\partial N_f}\right|_0 & \left.\dfrac{\partial f_1}{\partial N_c}\right|_0\\ \left.\dfrac{\partial f_2}{\partial N_f}\right|_0 & \left.\dfrac{\partial f_2}{\partial N_c}\right|_0\end{bmatrix}, \begin{bmatrix}\left.\dfrac{\partial f_1}{\partial W_F}\right|_0\\ \left.\dfrac{\partial f_2}{\partial W_F}\right|_0\end{bmatrix}, \begin{bmatrix}\left.\dfrac{\partial f_1}{\partial w}\right|_0\\ \left.\dfrac{\partial f_2}{\partial w}\right|_0\end{bmatrix}$$

根据参数辨识的方法，按照需要对调度参数进行分组，然后运用最小二乘法对上面所得的线性模型进行拟合，就得到了如下的切换 LPV 模型：

$$\begin{cases}\begin{bmatrix}\Delta\dot{N}_f\\ \Delta\dot{N}_c\end{bmatrix} = \boldsymbol{A}_\sigma(m,h)\begin{bmatrix}\Delta N_f\\ \Delta N_c\end{bmatrix} + \boldsymbol{B}_\sigma(m,h)\Delta W_F + \boldsymbol{E}_\sigma(m,h)w\\ \boldsymbol{y} = \boldsymbol{C}_\sigma(m,h)\begin{bmatrix}\Delta\dot{N}_f\\ \Delta\dot{N}_c\end{bmatrix} + \boldsymbol{D}_\sigma(m,h)\Delta W_F + \boldsymbol{F}_\sigma(m,h)w\end{cases}$$

本书各章仿真所用的航空发动机模型是 GE90K 级大涵道双转子涡扇发动机模型。建模所用的数据来源于文献[106]中的附录 B。采用最小二乘和用广义逆相结合的拟合方法得到 LPV 模型。

2.3　航空发动机控制问题

航空发动机是一种高度复制的热力机械，直接为航空飞行器提供推力，直接影响飞行器的性能、经济性与安全性。随着航空发动机的发展，航空发动机的控制技术也在不断发展，并且许多新的控制技术也不断地应用于发动机控制中。

从航空发动机的控制任务来看，由于航空发动机在高温、高压和高负荷等严苛的环境中工作，其工作过程是非常复杂的气动热力学过程，所以发动机的控制也非常复杂，并面临许多问

题。对航空发动机的控制主要包括稳态控制、过渡过程控制和安全保护控制等几方面。本书主要研究与发动机的稳态控制相关的一些问题。当外部条件发生变化时，保持设定的稳态工作点，最大限度地为飞行器提供稳定可靠的动力。研究与稳定工作相关的一些控制问题，如设定点跟踪问题、执行器饱和问题和抗干扰问题等，如为保证发动机运行时高压转子不超温，需要准确地估计发动机部件的温度，但是由于干扰输入的影响，不能得到准确温度，所以设计滤波器对温度进行估计。研究故障检测问题，及时获取发动机运行时潜在的故障信息等。

2.4 本书使用的符号

1. 本书理论部分使用的符号

本书理论部分使用的符号见表 2.1。

表 2.1 本书理论部分使用的符号及其含义

符 号	表示的含义
$\mathbf{R}$	所有实数的集合
$\mathbf{R}_+$	所有非负实数的集合
$\mathbf{R}_-$	所有非正实数的集合
$\mathbf{N}$	所有非负整数的集合
$\mathbf{Z}_m$	整数集合 $\{1,2,\cdots,m\}$
$\mathbf{R}^n$	n 维实数向量集合
$\mathbf{R}^{n\times m}$	$n\times m$ 维实数矩阵集合
$\boldsymbol{A}^{\mathrm{T}}(\boldsymbol{x}^{\mathrm{T}})$	矩阵 $\boldsymbol{A}$(向量 $\boldsymbol{x}$)的转置
$\boldsymbol{A}^{-1}$	矩阵 $\boldsymbol{A}$ 的逆矩阵
$\boldsymbol{A}>0(\boldsymbol{A}\geqslant 0)$	$\boldsymbol{A}$ 是正定(半正定)矩阵
$\boldsymbol{A}<0(\boldsymbol{A}\leqslant 0)$	$\boldsymbol{A}$ 是负定(半负定)矩阵
$\mathrm{He}\{\boldsymbol{A}\}$	矩阵 $\boldsymbol{A}+\boldsymbol{A}^{\mathrm{T}}$
$\\|\boldsymbol{x}\\|$	向量 $\boldsymbol{x}$ 的欧氏范数
$\\|\boldsymbol{A}\\|$	矩阵 $\boldsymbol{A}$ 的欧氏 2 范数
$L_2[0,+\infty]$	$[0,+\infty)$上二次方可积的函数空间
$\lambda_{\max}(\boldsymbol{A})(\lambda_{\min}(\boldsymbol{A}))$	矩阵 $\boldsymbol{A}$ 的最大(最小)特征值
max	取最大值运算

续表

符　号	表示的含义
min	取最小值运算
diag{…}	对角矩阵
$\cup$	求集合的并集
$\cap$	求集合的交集
$\begin{bmatrix} \boldsymbol{X} & \boldsymbol{Y} \\ * & \boldsymbol{Z} \end{bmatrix}$	对称矩阵$\begin{bmatrix} \boldsymbol{X} & \boldsymbol{Y} \\ \boldsymbol{Y}^{\mathrm{T}} & \boldsymbol{Z} \end{bmatrix}$
LTI	线性时不变(Linear Time Invariant)
LPV	线性变参数(Linear Parameter Varying)
LPT	低压涡轮(Low Pressure Turbine)
HPT	高压涡轮(Hign Pressure Turbine)
ADT	平均驻留时间(Average Dwell Time)
MADT	模型依赖平均驻留时间(Mode dependent ADT)
LMI	线性矩阵不等式(Linear Matrix Inequality)

2. 本书中航空发动机模型使用的符号

本书中航空发动机模型使用的符号见表 2.2。

表 2.2　本书中航空发动机模型使用的符号及其含义

符　号	符号含义	单　位
W_F	燃油流量	lb/s(1lb/s=0.453 59kg/s)
N_f	风扇转速	r/min
N_c	核心机转速	r/min
ΔW_F	燃油流量增量	lb/s(1lb/s=0.453 59kg/s)
ΔN_f	风扇转速增量	r/min
ΔN_c	核心机转速增量	r/min
T_{48}	高压涡轮出口总温	°R
m	发动机来流马赫数	—
h	高度	ft(1ft=0.304 8m)

第3章　切换LPV系统基于参数依赖切换的H_∞跟踪控制

本章针对带有扰动输入的切换 LPV 系统，利用参数依赖的多 Lyapunov 函数法，通过设计参数依赖的切换规则及参数依赖的控制器，给出切换 LPV 系统在 H_∞意义下模型参考状态跟踪问题可解的充分条件。

3.1　引　　言

在研究某些非线性系统的控制问题时经常应用增益调度方法，而针对 LPV 系统的控制方法可以为系统的稳定性分析、综合设计等提供一套系统的理论方法[46,95]。LPV 系统的控制问题已经得到了广泛研究，并取得了许多重要研究成果[92,96]。当系统用单个控制器不能很好地实现控制目标时，一个解决方法是设计一组控制器，并按照某种切换规则对系统实施切换控制[8,19,27,97-98]。出于实际应用的需要，对 LPV 系统也有必要应用切换控制。

航空发动机通常工作在较大的参数范围内。与飞行器的控制相类似，航空发动机的控制性能在不同的参数区域内具有不同的特点[12]。飞行器的控制系统已经建成为切换 LPV 系统[76,99]，因此，发动机系统也有必要建成切换 LPV 模型并应用切换控制。目前，关于针对切换 LPV 系统的控制也已经取得了许多研究成果[12,75-76,100]。

切换系统的跟踪控制已经引起了很多研究者的关注[101-102]，并且也有一些研究者研究了 LPV 系统和切换 LPV 系统的跟踪控制问题[103-104]。但是，以航空发动机系统为背景的切换 LPV 的跟踪控制问题还未见结果，这是本章的研究动机之一。

根据以上讨论，本章将研究切换 LPV 系统的 H_∞ 跟踪控制问题。与已有的研究成果相比，本章具有以下几个主要特点：①把一般的模型参考跟踪问题推广到切换 LPV 系统上，设计参数依赖的切换规则和控制器，并给出问题可解的充分条件；②将所设计的方案用于航空发动机的切换 LPV 模型中进行验证，仿真结果表明，所设计的控制方案具有有效性。

3.2　问题描述及预备知识

3.2.1　系统模型

考虑一类连续时间的切换 LPV 系统：

$$\dot{\boldsymbol{x}}(t)=\boldsymbol{A}_{\sigma(t)}(\boldsymbol{\rho})\boldsymbol{x}(t)+\boldsymbol{B}_{\sigma(t)}(\boldsymbol{\rho})\boldsymbol{u}(t)+\boldsymbol{\omega}(t) \tag{3.1}$$

式中，$\boldsymbol{x}(t)\in\mathbf{R}^{n_x}$，$\boldsymbol{u}(t)\in\mathbf{R}^{n_u}$ 和 $\boldsymbol{\omega}(t)\in\mathbf{R}^{n_\omega}$ 分别是系统状态、控制输入和扰动输入，并且 $\boldsymbol{\omega}(t)\in L_2^n[0,+\infty)$。切换信号 $\sigma(t):\mathbf{R}_+=[0,\infty)\to\mathbf{Z}_m$ 是一个依赖于系统状态、参数或时间的分段右连续函数，其中 $\mathbf{Z}_m=\{1,2,\cdots,m\}$，$m$ 是子系统个数。假设系统的子系统和控制器是同步切换的。$\boldsymbol{\rho}=\{\rho_1,\rho_2,\cdots,\rho_s\}$ 是系统的调度参数，它是可以在线测量的外部变量并且不依赖于系统的状态 $\boldsymbol{x}(t)$。

假定参数 $\boldsymbol{\rho}$ 和它的导数在以下边界已知的有界集中：

$$\boldsymbol{\rho}\in\mathscr{F}\overset{\text{def}}{=}\{\boldsymbol{\rho}\in\mathbf{R}^s:\underline{\rho}_k\leqslant\rho_k\leqslant\overline{\rho}_k,k\in\mathbf{Z}_s\}\tag{3.2}$$

$$\boldsymbol{\rho}\in\Omega_{\boldsymbol{\rho}}\overset{\text{def}}{=}\{\boldsymbol{\rho}\in\mathbf{R}^s:\underline{\upsilon}_k\leqslant\dot{\rho}_k\leqslant\overline{\upsilon}_k,k\in\mathbf{Z}_s\}\tag{3.3}$$

将切换信号对应的切换序列表示为

$$\Sigma=\{x_0,\rho_0;(i_0,t_0),(i_1,t_1),\cdots,(i_j,t_j),\cdots\mid i_j\in\mathbf{Z}_m,j=0,1,\cdots\}\tag{3.4}$$

式中：x_0 是初始状态；ρ_0 是调度参数初始值；t_0 是初始时刻；$\sigma(t)=i$ 表示在时刻 t 激活第 i 个子系统。系统式(3.1)的系统矩阵 $\boldsymbol{A}_i(\boldsymbol{\rho})$，$\boldsymbol{B}_i(\boldsymbol{\rho})$ 所有的元素是关于参数 $\boldsymbol{\rho}$ 的连续函数并且各个矩阵都具有恰当的维数。假设当系统发生切换时，对应的控制器也同步发生切换。

待跟踪的参考模型为

$$\dot{\boldsymbol{x}}_{\mathrm{r}}(t)=\boldsymbol{A}_{\mathrm{r}}\boldsymbol{x}_{\mathrm{r}}(t)+\boldsymbol{r}(t)\tag{3.5}$$

式中：$\boldsymbol{x}_{\mathrm{r}}(t)\in\mathbf{R}^{n_x}$ 是参考状态；$\boldsymbol{r}(t)\in\mathbf{R}^{n_r}$ 是有界的参考输入；$\boldsymbol{A}_{\mathrm{r}}$ 是具有恰当维数的赫尔维茨矩阵。

在本章内容中，要设计的状态反馈控制器的形式如下：

$$\boldsymbol{u}(t)=\mathbf{K}_i(\boldsymbol{\rho})\boldsymbol{e}_{\mathrm{r}}(t),\quad i\in\mathbf{Z}_m\tag{3.6}$$

把控制器式(3.6)代入系统式(3.1)并与系统式(3.5)联立，得到下面增广的闭环系统：

$$\dot{\overline{\boldsymbol{x}}}(t)=\overline{\boldsymbol{A}}_\sigma(\boldsymbol{\rho})\overline{\boldsymbol{x}}(t)+\overline{\boldsymbol{\omega}}(t)\tag{3.7}$$

其中

$$\overline{\boldsymbol{x}}(t)=[\boldsymbol{x}^{\mathrm{T}}(t)\ \boldsymbol{x}_{\mathrm{r}}^{\mathrm{T}}(t)]^{\mathrm{T}},\ \overline{\boldsymbol{\omega}}(t)=[\boldsymbol{\omega}^{\mathrm{T}}(t)\ \boldsymbol{r}^{\mathrm{T}}(t)]^{\mathrm{T}},$$

$$\overline{\boldsymbol{A}}_i(\boldsymbol{\rho})=\begin{bmatrix}\boldsymbol{A}_i(\boldsymbol{\rho})+\boldsymbol{B}_i(\boldsymbol{\rho})\mathbf{K}_i(\boldsymbol{\rho}) & -\boldsymbol{B}_i(\boldsymbol{\rho})\mathbf{K}_i(\boldsymbol{\rho})\\ 0 & \boldsymbol{A}_{\mathrm{r}}\end{bmatrix}$$

给定 H_∞ 控制性能不等式为

$$\int_0^{t_{\mathrm{f}}}\boldsymbol{e}_{\mathrm{r}}^{\mathrm{T}}(t)\boldsymbol{e}_{\mathrm{r}}(t)\mathrm{d}t<\gamma^2\int_0^{t_{\mathrm{f}}}\overline{\boldsymbol{\omega}}^{\mathrm{T}}(t)\overline{\boldsymbol{\omega}}(t)\,\mathrm{d}t\tag{3.8}$$

式中：$\boldsymbol{e}_{\mathrm{r}}(t)=\boldsymbol{x}(t)-\boldsymbol{x}_{\mathrm{r}}(t)$ 表示状态跟踪的误差；t_{f} 表示控制结束时间；$\overline{\boldsymbol{\omega}}(t)=[\boldsymbol{\omega}^{\mathrm{T}}(t)\ \boldsymbol{r}^{\mathrm{T}}(t)]^{\mathrm{T}}$；$\gamma$ 代表扰动抑制性能指标。

切换系统式(3.1)的 H_∞ 跟踪控制问题可以表述如下：通过设计控制器和切换规则，使得系统式(3.7)满足：

(1)当 $\overline{\boldsymbol{\omega}}(t)=0$ 时，系统式(3.7)是渐近稳定的；

(2)当 $\overline{\boldsymbol{\omega}}(t)\neq0$ 时，在零初始条件下对所有的 $\overline{\boldsymbol{\omega}}(t)\in L_2^n[0,+\infty)$，跟踪误差 $\boldsymbol{e}(t)$ 满足不等式(3.8)，其中 γ 是一个常数。

注 3.1　在这里，参考跟踪信号 $\boldsymbol{x}_{\mathrm{r}}(t)$ 也可以由参数依赖的系统模型提供。可以把参考系统式(3.5)替换为 $\dot{\boldsymbol{x}}_{\mathrm{r}}(t)=\boldsymbol{A}(\boldsymbol{\rho})_{\mathrm{r}}\boldsymbol{x}_{\mathrm{r}}(t)+\boldsymbol{r}(t)$。针对参数依赖参考模型的设计过程与模型式(3.5)的设计过程相似。

3.2.2 预备知识

在本章中需要用到下面的假设。

假设 3.1 对所有的 $i \in \mathbf{Z}_m$，矩阵 $[\boldsymbol{A}_i(\boldsymbol{\rho})\ \boldsymbol{B}_i(\boldsymbol{\rho})]$ 是参数依赖可镇定的，其调度参数 $\boldsymbol{\rho} \in \mathscr{F}$ 是可实时在线测量的。

本章的控制目标是设计控制器和参数依赖切换规则 $\sigma(t)$ 以解决 H_∞ 跟踪问题。

3.3 主要成果

3.3.1 参数依赖的滞后切换规则

假设存在一组切换面 $\mathscr{S}_{ij}(i,j \in \mathbf{Z}_m)$ 把集合 $\mathscr{F}$ 分成了许多子集合 $\{\mathscr{F}_i\}_{i\in \mathbf{Z}_m}$，并且 $\mathscr{F} = \bigcup \mathscr{F}_i$。假定切换面 $\mathscr{S}_{ij}$ 表示参数 $\boldsymbol{\rho}$ 的轨线由子集合 $\mathscr{F}_i$ 变化到 $\mathscr{F}_j$，而切换面 $\mathscr{S}_{ji}$ 表示参数 $\boldsymbol{\rho}$ 的轨线由子集合 $\mathscr{F}_j$ 向子集合 $\mathscr{F}_i$ 的移动方向，则滞后切换的切换信号 $\sigma(t)$ 可以表示为

$$\left.\begin{array}{ll} \text{当 } t = 0 \text{ 时,} & \sigma(0) = i, \text{若 } \boldsymbol{\rho}(0) \in \mathscr{F}_i \\ \text{当 } t > 0 \text{ 时,} & \left.\begin{array}{l} \sigma(t) = i, \text{若 } \sigma(t^-) = i \text{ 且 } \boldsymbol{\rho}(t) \in \mathscr{F}_i \\ \sigma(t) = j, \text{若 } \sigma(t^-) = i \text{ 且 } \boldsymbol{\rho}(t) \in \mathscr{F}_j - \mathscr{F}_i \end{array}\right\} \end{array}\right\} \tag{3.9}$$

注 3.2 在文献[12]中，切换面把参数 $\boldsymbol{\rho}$ 所在的集合划分成一组子集合并且切换规则是参数依赖的。而在文献[80, 105]中切换规则不是参数依赖而是时间依赖的。在本章中，笔者研究发动机的跟踪问题，考虑到发动机运行工况为参数依赖的这个实际特点，选择按参数切换的切换规则。

3.3.2 H_∞跟踪控制设计

在下面的定理中将给出切换 LPV 系统式(3.7)的 H_∞ 跟踪控制问题的可解条件。

定理 3.1 考虑系统式(3.7)及其所在的参数集合 $\mathscr{F}$ 和它的带有重叠区域的参数子集 $\{\mathscr{F}_i\}_{i\in \mathbf{Z}_m}$，如果存在正定矩阵函数 $\boldsymbol{X}_i(\boldsymbol{\rho}): \mathbf{R}^s \to \mathbf{R}^{n_x \times n_x}$ 和矩阵函数 $\boldsymbol{K}_i(\boldsymbol{\rho}): \mathbf{R}^s \to \mathbf{R}^{n_u \times n_x}$，使得对于 $\forall \boldsymbol{\rho} \in \mathscr{F}_i$，有不等式

$$\begin{bmatrix} \boldsymbol{\Gamma}_{i11} & \boldsymbol{\Gamma}_{i12} & \boldsymbol{X}_i(\boldsymbol{\rho}) & 0 \\ * & \boldsymbol{\Gamma}_{i22} & 0 & \boldsymbol{X}_i(\boldsymbol{\rho}) \\ * & * & -\gamma^2 \boldsymbol{I} & 0 \\ * & * & 0 & -\gamma^2 \boldsymbol{I} \end{bmatrix} < 0 \tag{3.10}$$

和

$$\boldsymbol{X}_i(\boldsymbol{\rho}) - \boldsymbol{X}_j(\boldsymbol{\rho}) \geqslant 0, \quad \boldsymbol{\rho} \in \mathscr{S}_{ij} \tag{3.11}$$

成立，其中

$$\begin{cases}\boldsymbol{\Gamma}_{i11} = \mathrm{He}\{\boldsymbol{X}_i(\boldsymbol{\rho})\boldsymbol{A}_i(\boldsymbol{\rho}) + \boldsymbol{X}_i(\boldsymbol{\rho})\boldsymbol{B}_i(\boldsymbol{\rho})\boldsymbol{K}_i(\boldsymbol{\rho})\} + \dot{\boldsymbol{X}}_i(\boldsymbol{\rho}) + \boldsymbol{I} \\ \boldsymbol{\Gamma}_{i12} = -\boldsymbol{X}_i(\boldsymbol{\rho})\boldsymbol{B}_i(\boldsymbol{\rho})\boldsymbol{K}_i(\boldsymbol{\rho}) - \boldsymbol{I} \\ \boldsymbol{\Gamma}_{i22} = \mathrm{He}\{\boldsymbol{X}_i(\boldsymbol{\rho})\boldsymbol{A}_\mathrm{r}(\boldsymbol{\rho})\} + \dot{\boldsymbol{X}}_i(\boldsymbol{\rho}) + \boldsymbol{I}\end{cases}$$

并且 $i,j \in \mathbf{Z}_m$,那么,在切换规则式(3.9)的作用下,切换系统式(3.7)的 H_∞ 跟踪控制问题可解。

证明:选择系统式(3.7)的类 Lyapunov 函数为

$$\boldsymbol{V}(\bar{\boldsymbol{x}},\boldsymbol{\rho}) = \bar{\boldsymbol{x}}^\mathrm{T}\widetilde{\boldsymbol{X}}_\sigma(\boldsymbol{\rho})\bar{\boldsymbol{x}} = [\boldsymbol{x}^\mathrm{T}\ \boldsymbol{x}_\mathrm{r}^\mathrm{T}]\begin{bmatrix}\boldsymbol{X}_\sigma(\boldsymbol{\rho}) & 0 \\ * & \boldsymbol{X}_\sigma(\boldsymbol{\rho})\end{bmatrix}\begin{bmatrix}\boldsymbol{x} \\ \boldsymbol{x}_\mathrm{r}\end{bmatrix} \tag{3.12}$$

对子系统的类 Lyapunov 函数沿着系统式(3.7)的轨线求导,得到

$$\dot{\boldsymbol{V}}_i(\bar{\boldsymbol{x}},\boldsymbol{\rho}) = \bar{\boldsymbol{x}}^\mathrm{T}(t)[\widetilde{\boldsymbol{X}}_i(\boldsymbol{\rho})\bar{\boldsymbol{A}}_i(\boldsymbol{\rho}) + \bar{\boldsymbol{A}}_i^\mathrm{T}(\boldsymbol{\rho})\widetilde{\boldsymbol{X}}_i(\boldsymbol{\rho}) + \dot{\widetilde{\boldsymbol{X}}}_i(\boldsymbol{\rho},\dot{\boldsymbol{\rho}})]\bar{\boldsymbol{x}}(t) + 2\bar{\boldsymbol{\omega}}^\mathrm{T}(t)\widetilde{\boldsymbol{X}}_i(\boldsymbol{\rho})\bar{\boldsymbol{x}}(t) \tag{3.13}$$

又因为

$$\boldsymbol{e}_\mathrm{r}^\mathrm{T}(t)\boldsymbol{e}_\mathrm{r}(t) = \begin{bmatrix}\boldsymbol{x}(t) \\ \boldsymbol{x}_\mathrm{r}(t)\end{bmatrix}^\mathrm{T}\begin{bmatrix}\boldsymbol{I} & -\boldsymbol{I} \\ -\boldsymbol{I} & \boldsymbol{I}\end{bmatrix}\begin{bmatrix}\boldsymbol{x}(t) \\ \boldsymbol{x}_\mathrm{r}(t)\end{bmatrix} = \bar{\boldsymbol{x}}^\mathrm{T}(t)\boldsymbol{Q}\bar{\boldsymbol{x}}(t)$$

则有

$$\dot{\boldsymbol{V}}_i(\bar{\boldsymbol{x}},\boldsymbol{\rho}) - \gamma^2\bar{\boldsymbol{\omega}}^\mathrm{T}(t)\bar{\boldsymbol{\omega}}(t) + \boldsymbol{e}^\mathrm{T}(t)\boldsymbol{e}(t) = \bar{\boldsymbol{x}}^\mathrm{T}(t)[\mathrm{He}\{\widetilde{\boldsymbol{X}}_i(\boldsymbol{\rho})\bar{\boldsymbol{A}}_i(\boldsymbol{\rho})\} + \dot{\widetilde{\boldsymbol{X}}}_i(\boldsymbol{\rho},\dot{\boldsymbol{\rho}}) + \boldsymbol{Q}]\bar{\boldsymbol{x}}(t) - \gamma^2\bar{\boldsymbol{\omega}}^\mathrm{T}(t)\bar{\boldsymbol{\omega}}(t) + 2\bar{\boldsymbol{\omega}}^\mathrm{T}(t)\widetilde{\boldsymbol{X}}_i(\boldsymbol{\rho})\bar{\boldsymbol{x}}(t)$$

要想保证不等式

$$\dot{\boldsymbol{V}}_i(\bar{\boldsymbol{x}},\boldsymbol{\rho}) - \gamma^2\bar{\boldsymbol{\omega}}^\mathrm{T}(t)\bar{\boldsymbol{\omega}}(t) + \boldsymbol{e}^\mathrm{T}(t)\boldsymbol{e}(t) < 0 \tag{3.14}$$

成立,只需要下面的不等式

$$\begin{bmatrix}\{\mathrm{He}\{\bar{\boldsymbol{X}}_i(\boldsymbol{\rho})\bar{\boldsymbol{A}}_i(\boldsymbol{\rho})\} + \dot{\widetilde{\boldsymbol{X}}}_i(\boldsymbol{\rho},\dot{\boldsymbol{\rho}}) + \boldsymbol{Q}\} & * \\ \widetilde{\boldsymbol{X}}_i(\boldsymbol{\rho}) & -\gamma^2\boldsymbol{I}\end{bmatrix} < 0 \tag{3.15}$$

成立。应用定理 3.1 中的条件不等式(3.10),就可以化出不等式(3.15),从而就能保证不等式(3.14)成立。

当 $\bar{\boldsymbol{\omega}}(t) = 0$ 时,由不等式(3.15)可得

$$\mathrm{He}\{\widetilde{\boldsymbol{X}}_i(\boldsymbol{\rho})\bar{\boldsymbol{A}}_i(\boldsymbol{\rho})\} + \dot{\widetilde{\boldsymbol{X}}}_i(\boldsymbol{\rho},\dot{\boldsymbol{\rho}}) + \boldsymbol{Q} < 0$$

又因为矩阵 $\boldsymbol{Q} \geqslant 0$,所以可以得到

$$\mathrm{He}\{\widetilde{\boldsymbol{X}}_i(\boldsymbol{\rho})\bar{\boldsymbol{A}}_i(\boldsymbol{\rho})\} + \dot{\widetilde{\boldsymbol{X}}}_i(\boldsymbol{\rho},\dot{\boldsymbol{\rho}}) < 0$$

即 $\dot{\boldsymbol{V}}_i(\bar{\boldsymbol{x}},\boldsymbol{\rho}) < 0$ 。结合切换条件式(3.11)可得,当 $\bar{\boldsymbol{\omega}}(t) = 0$ 时,切换系统式(3.7)是渐近稳定的。

当 $\bar{\boldsymbol{\omega}}(t) \neq 0$ 时,对式(3.14)两端从 $0 \sim t_\mathrm{f}$ 积分,并且由式(3.11)得到

$$\int_0^{t_\mathrm{f}}\sum_{i\in\mathbf{Z}_m}\dot{\boldsymbol{V}}_i(\bar{\boldsymbol{x}},\boldsymbol{\rho})\mathrm{d}t = \sum_{j=0}^{t_\mathrm{f}}\sum_{i_j\in\mathbf{Z}_m}\int_{t_{i_j}}^{t_{i_j}+1}\dot{\boldsymbol{V}}_i(\bar{\boldsymbol{x}},\boldsymbol{\rho})\mathrm{d}t = \boldsymbol{V}(\bar{\boldsymbol{x}}(t_\mathrm{f}),\boldsymbol{\rho}) - \boldsymbol{V}(\bar{\boldsymbol{x}}(0),\boldsymbol{\rho}) < -\int_0^{t_\mathrm{f}}\boldsymbol{e}_\mathrm{r}^\mathrm{T}(t)\boldsymbol{e}_\mathrm{r}(t)\mathrm{d}t + \gamma^2\int_0^{t_\mathrm{f}}\bar{\boldsymbol{\omega}}^\mathrm{T}(t)\bar{\boldsymbol{\omega}}(t)\mathrm{d}t$$

由于 $V(\bar{x}(t),\boldsymbol{\rho})>0$，根据零初始条件，容易得到

$$\int_0^{t_f}\boldsymbol{e}_r^{\mathrm{T}}(t)\boldsymbol{e}_r(t)\mathrm{d}t<\gamma^2\int_0^{t_f}\bar{\boldsymbol{\omega}}^{\mathrm{T}}(t)\bar{\boldsymbol{\omega}}(t)\mathrm{d}t$$

所以，在切换规则式(3.9)和所设计的 H_∞ 跟踪控制器式(3.6)的作用下，切换 LPV 系统式(3.1)的 H_∞ 跟踪控制问题可解。证毕。

因为定理 3.1 中的不等式(3.10)关于控制器增益矩阵 $\boldsymbol{K}_i(\boldsymbol{\rho})$ 和参数矩阵变量 $\boldsymbol{X}_i(\boldsymbol{\rho})$ 是非凸的，所以在下面的定理中将它化为可解的线性矩阵不等式。

定理 3.2 对闭环系统式(3.7)和参数集合 $\mathscr{F}$ 以及它的带有重叠区域的子集合 $\{\mathscr{F}_i\}_{i\in\mathbf{Z}_m}$，如果存在正定的矩阵函数 $\boldsymbol{Y}_i(\boldsymbol{\rho}):\mathbf{R}^s\to\mathbf{R}^{n_x}$，矩阵函数 $\boldsymbol{W}_i(\boldsymbol{\rho}):\mathbf{R}^s\to\mathbf{R}^{n_u\times n_x}$ 和常数 $\gamma>0$，使得对于 $\forall\boldsymbol{\rho}\in\mathscr{F}_i$ 有下面的矩阵不等式成立：

$$\begin{bmatrix}\boldsymbol{\Psi}_{i11} & \boldsymbol{\Psi}_{i12} & \boldsymbol{Y}_i(\boldsymbol{\rho}) & \boldsymbol{I} & 0\\ * & \boldsymbol{\Psi}_{i22} & \boldsymbol{Y}_i(\boldsymbol{\rho}) & 0 & \boldsymbol{I}\\ * & * & -\boldsymbol{I} & 0 & 0\\ * & * & * & -\gamma\boldsymbol{I} & 0\\ * & * & * & * & -\gamma\boldsymbol{I}\end{bmatrix}<0 \tag{3.16}$$

并且当 $\boldsymbol{\rho}\in\mathscr{S}_{ij}$ 时有

$$\boldsymbol{Y}_i(\boldsymbol{\rho})-\boldsymbol{Y}_j(\boldsymbol{\rho})\leqslant 0 \tag{3.17}$$

其中

$$\begin{cases}\boldsymbol{\Psi}_{i11}=\mathrm{He}\{\boldsymbol{A}_i(\boldsymbol{\rho})\boldsymbol{Y}_i(\boldsymbol{\rho})+\boldsymbol{B}_i(\boldsymbol{\rho})\boldsymbol{W}_i(\boldsymbol{\rho})\}-\sum\limits_{k=1}^{s}\{\underline{v}_k,\overline{v}_k\}\dfrac{\partial\boldsymbol{Y}_i(\boldsymbol{\rho})}{\partial\rho_k}\\ \boldsymbol{\Psi}_{i12}=-\boldsymbol{B}_i(\boldsymbol{\rho})\boldsymbol{W}_i(\boldsymbol{\rho})\\ \boldsymbol{\Psi}_{i22}=\mathrm{He}\{\boldsymbol{A}_r\boldsymbol{Y}_i(\boldsymbol{\rho})\}-\sum\limits_{k=1}^{s}\{\underline{v}_k,\overline{v}_k\}\dfrac{\partial\boldsymbol{Y}_i(\boldsymbol{\rho})}{\partial\rho_k}\end{cases}$$

那么，在切换规则式(3.9)和所设计的控制器式(3.6)作用下，切换 LPV 系统式(3.1)的 H_∞ 跟踪问题可解，并且有控制器增益矩阵为 $\boldsymbol{K}_i(\boldsymbol{\rho})=\boldsymbol{W}_i(\boldsymbol{\rho})\boldsymbol{Y}_i^{-1}(\boldsymbol{\rho}),i\in\mathbf{Z}_m$。

证明:由不等式(3.10)和不等式(3.11)可知，系统式(3.1)的 H_∞ 跟踪问题可解。对不等式(3.10)左端乘以 $\mathrm{diag}\{\boldsymbol{X}_i^{-1}(\boldsymbol{\rho}),\boldsymbol{X}_i^{-1}(\boldsymbol{\rho}),\boldsymbol{I},\boldsymbol{I}\}$，以及对其右端乘以 $\mathrm{diag}\{\boldsymbol{X}_i^{-1}(\boldsymbol{\rho}),\boldsymbol{X}_i^{-1}(\boldsymbol{\rho}),\boldsymbol{I},\boldsymbol{I}\}$ 的转置矩阵，得到

$$\begin{bmatrix}\boldsymbol{\Upsilon}_{i11} & \boldsymbol{\Upsilon}_{i12} & \boldsymbol{I} & 0\\ \boldsymbol{\Upsilon}_{i21} & \boldsymbol{\Upsilon}_{i22} & 0 & \boldsymbol{I}\\ \boldsymbol{I} & 0 & -\gamma\boldsymbol{I} & 0\\ 0 & \boldsymbol{I} & 0 & -\gamma\boldsymbol{I}\end{bmatrix}<0 \tag{3.18}$$

其中

$$\boldsymbol{\Upsilon}_{i11}=\mathrm{He}\{\boldsymbol{A}_i(\boldsymbol{\rho})\boldsymbol{X}_i^{-1}(\boldsymbol{\rho})+\boldsymbol{B}_i(\boldsymbol{\rho})\boldsymbol{K}_i(\boldsymbol{\rho})\boldsymbol{X}_i^{-1}(\boldsymbol{\rho})\}+\boldsymbol{X}_i^{-1}(\boldsymbol{\rho})\dot{\boldsymbol{X}}_i(\boldsymbol{\rho},\dot{\boldsymbol{\rho}})\boldsymbol{X}_i^{-1}(\boldsymbol{\rho})+\boldsymbol{X}_i^{-1}(\boldsymbol{\rho})\boldsymbol{X}_i^{-1}(\boldsymbol{\rho})$$

$$\boldsymbol{\Upsilon}_{i12}=-\boldsymbol{B}_i(\boldsymbol{\rho})\boldsymbol{K}_i(\boldsymbol{\rho})\boldsymbol{X}_i^{-1}(\boldsymbol{\rho})-\boldsymbol{X}_i^{-1}(\boldsymbol{\rho})\boldsymbol{X}_i^{-1}(\boldsymbol{\rho})$$

$$\boldsymbol{\Upsilon}_{i22}=\mathrm{He}\{\boldsymbol{A}_r\boldsymbol{X}_i^{-1}(\boldsymbol{\rho})\}+\boldsymbol{X}_i^{-1}(\boldsymbol{\rho})\dot{\boldsymbol{X}}_i(\boldsymbol{\rho},\dot{\boldsymbol{\rho}})\boldsymbol{X}_i^{-1}(\boldsymbol{\rho})+\boldsymbol{X}_i^{-1}(\boldsymbol{\rho})\boldsymbol{X}_i^{-1}(\boldsymbol{\rho})$$

对式 $\boldsymbol{X}_i(\boldsymbol{\rho})\boldsymbol{X}_i^{-1}(\boldsymbol{\rho})=\boldsymbol{I}$ 两端求导，得到

$$\frac{\mathrm{d}}{\mathrm{d}t}[\boldsymbol{X}_i(\boldsymbol{\rho})]\boldsymbol{X}_i^{-1}(\boldsymbol{\rho})+\boldsymbol{X}_i(\boldsymbol{\rho})\frac{\mathrm{d}}{\mathrm{d}t}[\boldsymbol{X}_i^{-1}(\boldsymbol{\rho})]=0$$

进一步得到

$$\boldsymbol{X}_i^{-1}(\boldsymbol{\rho})\frac{\mathrm{d}}{\mathrm{d}t}[\boldsymbol{X}_i(\boldsymbol{\rho})]\boldsymbol{X}_i^{-1}(\boldsymbol{\rho})=-\frac{\mathrm{d}}{\mathrm{d}t}[\boldsymbol{X}_i^{-1}(\boldsymbol{\rho})]$$

令 $\boldsymbol{Y}_i(\boldsymbol{\rho})=\boldsymbol{X}_i^{-1}(\boldsymbol{\rho})$，则 $\boldsymbol{\Xi}_{i11}$ 和 $\boldsymbol{\Xi}_{i22}$ 可以表示为

$$\begin{cases}\boldsymbol{\Xi}_{i11}=\mathrm{He}\{\boldsymbol{A}_i(\boldsymbol{\rho})\boldsymbol{Y}_i(\boldsymbol{\rho})+\boldsymbol{B}_i(\boldsymbol{\rho})\boldsymbol{K}_i(\boldsymbol{\rho})\boldsymbol{Y}_i(\boldsymbol{\rho})\}-\sum\limits_{k=1}^{s}\{\underline{v}_k,\overline{v}_k\}\dfrac{\partial\boldsymbol{Y}_i(\boldsymbol{\rho})}{\partial\rho_k}\\ \boldsymbol{\Xi}_{i12}=-\boldsymbol{B}_i(\boldsymbol{\rho})\boldsymbol{K}_i(\boldsymbol{\rho})\boldsymbol{Y}_i(\boldsymbol{\rho})\\ \boldsymbol{\Xi}_{i22}=\mathrm{He}\{\boldsymbol{A}_r\boldsymbol{Y}_i(\boldsymbol{\rho})\}-\sum\limits_{k=1}^{s}\{\underline{v}_k,\overline{v}_k\}\dfrac{\partial\boldsymbol{Y}_i(\boldsymbol{\rho})}{\partial\rho_k}\end{cases}$$

应用 Schur 补引理，得到

$$\begin{bmatrix}\boldsymbol{\gamma}_{i11} & \boldsymbol{\gamma}_{i12}\\ \boldsymbol{\gamma}_{i21} & \boldsymbol{\gamma}_{i22}\end{bmatrix}=\begin{bmatrix}\boldsymbol{\Psi}_{i11} & \boldsymbol{\Psi}_{i12} & \boldsymbol{Y}_i(\boldsymbol{\rho})\\ * & \boldsymbol{\Psi}_{i22} & \boldsymbol{Y}_i(\boldsymbol{\rho})\\ * & * & -\boldsymbol{I}\end{bmatrix}$$

对于 $\forall\boldsymbol{\rho}\in\mathscr{S}_{ij}$，切换条件式(3.11)等价于

$$\begin{bmatrix}\boldsymbol{X}_i(\boldsymbol{\rho}) & 0\\ 0 & \boldsymbol{X}_i(\boldsymbol{\rho})\end{bmatrix}-\begin{bmatrix}\boldsymbol{X}_j(\boldsymbol{\rho}) & 0\\ 0 & \boldsymbol{X}_j(\boldsymbol{\rho})\end{bmatrix}\geqslant 0 \tag{3.19}$$

对不等式(3.19)左端乘以矩阵 $\mathrm{diag}\{\boldsymbol{X}_j^{-1}(\boldsymbol{\rho}),\boldsymbol{X}_j^{-1}(\boldsymbol{\rho})\}$，然后对其右端乘以矩阵 $\mathrm{diag}\{\boldsymbol{X}_i^{-1}(\boldsymbol{\rho}),\boldsymbol{X}_i^{-1}(\boldsymbol{\rho})\}$，得到下面的结果：

$$\begin{bmatrix}\boldsymbol{X}_j^{-1}(\boldsymbol{\rho}) & 0\\ 0 & \boldsymbol{X}_j^{-1}(\boldsymbol{\rho})\end{bmatrix}-\begin{bmatrix}\boldsymbol{X}_i^{-1}(\boldsymbol{\rho}) & 0\\ 0 & \boldsymbol{X}_i^{-1}(\boldsymbol{\rho})\end{bmatrix}\geqslant 0 \tag{3.20}$$

取 $\boldsymbol{W}_i(\boldsymbol{\rho})=\boldsymbol{K}_i(\boldsymbol{\rho})\boldsymbol{Y}_i(\boldsymbol{\rho})$，并取 $\boldsymbol{Y}_i(\boldsymbol{\rho})=\boldsymbol{X}_i^{-1}(\boldsymbol{\rho})$，应用 Schur 补引理 2.1，易得到不等式(3.16)和不等式(3.17)。由上面的等价运算过程可知，如果不等式(3.16)和不等式(3.17)成立，也能得到不等式(3.10)和不等式(3.11)成立，从而保证切换系统式(3.1)的 H_∞ 跟踪问题可解，并得系统控制器增益矩阵为 $\boldsymbol{K}_i(\boldsymbol{\rho})=\boldsymbol{W}_i(\boldsymbol{\rho})\boldsymbol{Y}_i^{-1}(\boldsymbol{\rho})$。证毕。

注 3.3　在这里，矩阵 $\widetilde{\boldsymbol{X}}_i(\boldsymbol{\rho})$ 的块对角形结构可能增大了保守性，但是基于这样的结构可得到可解的参数依赖的 LMIs。另外，由于不能直接求解这种参数依赖的 LMIs，所以通过应用网格法，可以把不等式(3.16)和不等式(3.17)化成一组可解的 LMIs。进一步控制器式(3.6)的增益矩阵函数可以通过插值拟合得到[46]。

注 3.4　用 $\sum\limits_{k=1}^{s}\{\underline{v}_k,\overline{v}_k\}\dfrac{\partial}{\partial\rho_k}$ 表示导数项，参数 $\boldsymbol{\rho}$ 的导数的上、下界分别表示为 $\overline{v}_k$ 和 $\underline{v}_k$，$k=1,2,\cdots,s$。这样每一个参数依赖的线性矩阵不等式将变成 2^s 个不同的线性矩阵不等式，处理方法参见文献[12]。

3.4　仿真例子

下面把设计的控制器用到一个航空发动机切换 LPV 模型上，以验证所设计方案的有

效性。

3.4.1 航空发动机的切换 LPV 模型

仿真所用的航空发动机模型是 GE90K 级一款大涵道比双转子的涡扇发动机模型。其中，W_F(燃油流量)是控制输入；N_f(风扇转速)和 N_c(核心机转速)是状态；高度是航空发动机相对于海平面的距离；马赫数是发动机来流速度与声速的比值。

发动机建模的机理过程参见第 2 章航空发动机模型介绍部分。切换 LPV 模型是用第 2 章所介绍的拟合方法建立的。建模所用的数据来自于文献[106]的附录 B。其中高度和发动机的转速分别进行了标准化。切换 LPV 的系统模型如下：

$$\dot{\boldsymbol{x}}(t)=\boldsymbol{A}_\sigma(\boldsymbol{\rho})\boldsymbol{x}(t)+\boldsymbol{B}_\sigma(\boldsymbol{\rho})\boldsymbol{u}(t)+\boldsymbol{\omega}(t)$$

式中：$\boldsymbol{x}(t)=[\Delta N_f\ \Delta N_c]^T$，$\Delta N_f=N_f-N_{fe}$ 表示发动机风扇转速的增量，$\Delta N_c=N_c-N_{ce}$ 表示发动机核心机转速的增量；$\boldsymbol{u}(t)=\Delta W_F$，$\Delta W_F=W_F-W_{Fe}$ 表示燃油流量的增量；$\boldsymbol{\omega}(t)$ 是扰动输入，它可用于反映发动机健康参数的老化或者表示外部环境变化的影响等[106]。

在此选取马赫数作为调度参数，并取发动机高度参数为 0。调度参数马赫数的取值范围为[0.20,0.9]。把集合 $\mathscr{F}$ 划分为带有重叠区域的两个子集分别为 $\mathscr{F}_1=[0.20,0.65]$ 和 $\mathscr{F}_2=[0.55,0.9]$。经拟合得到的参数依赖的矩阵函数 $\boldsymbol{A}_i(\boldsymbol{\rho}),\boldsymbol{B}_i(\boldsymbol{\rho})(i=1,2)$ 为

$$\begin{cases}\boldsymbol{A}_1=\begin{bmatrix}-3.3786 & 1.3844\\ 0.7288 & -4.3411\end{bmatrix}+\boldsymbol{\rho}\begin{bmatrix}-1.3835 & 0.0910\\ -1.2388 & -0.4899\end{bmatrix}\\ \boldsymbol{B}_1=\begin{bmatrix}240.6075\\ 668.8695\end{bmatrix}+\boldsymbol{\rho}\begin{bmatrix}-1\\ 105.8\end{bmatrix}\\ \boldsymbol{A}_2=\begin{bmatrix}-1.2267 & 0.3977\\ -0.8172 & -0.6659\end{bmatrix}+\boldsymbol{\rho}\begin{bmatrix}-1.3204 & 0.4585\\ 1.7429 & -2.5165\end{bmatrix}\\ \boldsymbol{B}_2=\begin{bmatrix}259.4093\\ 588.7365\end{bmatrix}+\boldsymbol{\rho}\begin{bmatrix}-23.8\\ 186.2\end{bmatrix}\end{cases}$$

参考模型取为如下的形式：

$$\begin{cases}\dot{\boldsymbol{x}}_r(t)=\boldsymbol{A}_r\boldsymbol{x}_r(t)+\boldsymbol{r}(t)\\ \boldsymbol{x}_r(0)=0\end{cases}$$

式中：$\boldsymbol{x}_r(t)=[\Delta N_f\quad \Delta N_c]^T$。系统矩阵 $\boldsymbol{A}_r$ 取为

$$\boldsymbol{A}_r=\begin{bmatrix}-2.915 & 1.0362\\ 0.7871 & -3.4432\end{bmatrix}$$

3.4.2 切换 LPV 模型的 H_∞ 模型参考跟踪控制

下面把设计的控制方法应用于所建的变参数的航空发动机模型中。调度参数马赫数变化轨迹如图 3.1 所示。把扰动输入 $\boldsymbol{\omega}(t)$ 和参考信号 $\boldsymbol{r}(t)$ 分别取为 $\boldsymbol{\omega}(t)=[e^{-2t}\quad e^{-2t}]^T$ 和 $\boldsymbol{r}(t)=[0.01\sin(0.01t)\quad 0.01\sin(0.01t)]^T$。另外把闭环系统式(3.7)状态的初始值取为 $\boldsymbol{x}(t_0)=[\Delta N_f\quad \Delta N_c]^T=[0.2\quad 0.25]^T$。

求解定理3.2中的LMIs式(3.16)和式(3.17)得到

$$\begin{cases}\boldsymbol{Y}_1(\boldsymbol{\rho})=\begin{bmatrix}2.2844 & -0.711\\ -0.711 & 3.4579\end{bmatrix}+\boldsymbol{\rho}\begin{bmatrix}0.0059 & -0.006\\ -0.006 & 0.0143\end{bmatrix}\\ \boldsymbol{Y}_2(\boldsymbol{\rho})=\begin{bmatrix}1.5191 & -0.234\\ 0.234 & 3.1166\end{bmatrix}+\boldsymbol{\rho}\begin{bmatrix}0.0102 & -0.008\\ -0.008 & 0.0535\end{bmatrix}\end{cases}$$

并且得到控制器增益矩阵为如下的形式：

$$\begin{cases}\boldsymbol{K}_1(\boldsymbol{\rho})=[-0.0021\quad -0.0028]+\boldsymbol{\rho}[0.0010\quad -0.0004]\\ \boldsymbol{K}_2(\boldsymbol{\rho})=[-0.0026\quad -0.0024]+\boldsymbol{\rho}[0.0005\quad 0.0001]\end{cases}$$

根据定理3.2，在整个参数集合 $\mathscr{F}$ 上，解得 H_∞ 跟踪控制问题的扰动抑制增益指标 $\gamma=0.4672$。与文献[96]提出的单LPV模型比较，把所用的方法应用到单LPV模型上，解得扰动增益指标是 $\gamma=0.4810$。可以看出，切换LPV的 H_∞ 跟踪方案比一般的单LPV的方法具有较小的扰动增益。依赖参数的切换信号如图3.2所示。H_∞ 跟踪误差如图3.3所示。系统的状态图和控制输入图分别如图3.4和图3.5所示。仿真结果表明了所设计方案的有效性。

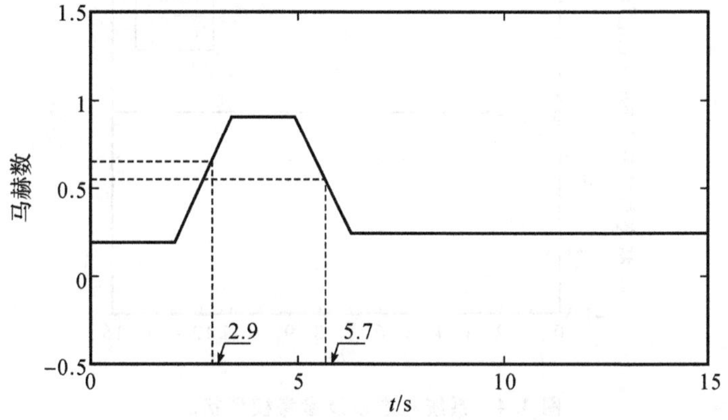

图3.1　调度参数 $\boldsymbol{\rho}$

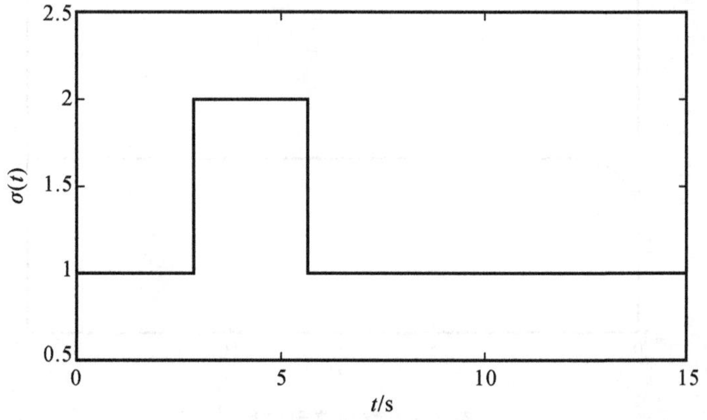

图3.2　切换信号

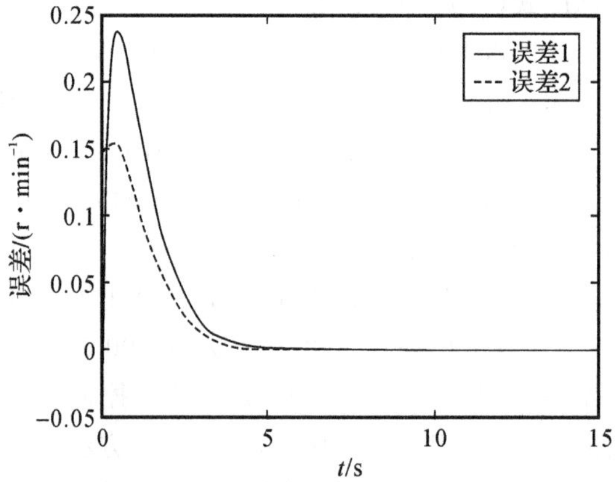

图 3.3　状态跟踪控制的误差

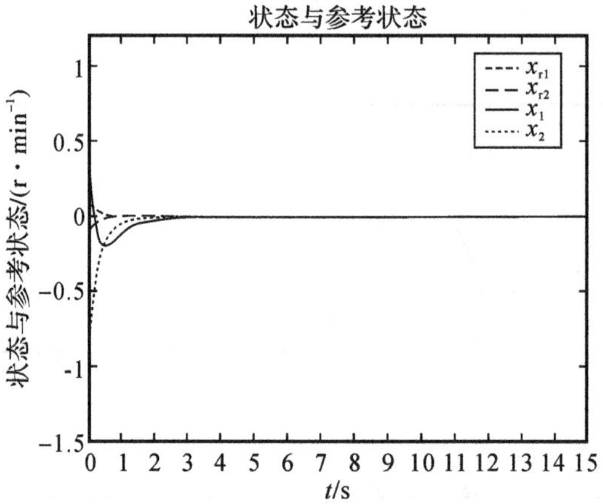

图 3.4　系统状态以及参考模型状态

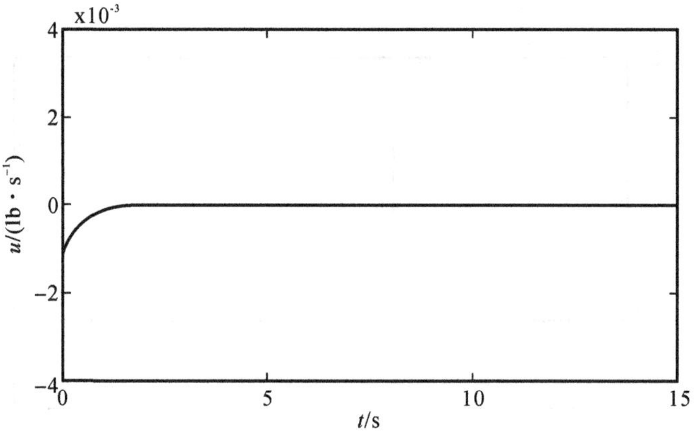

图 3.5　燃油流量增量

3.5 本章小结

本章选用多 Lyapunov 法研究了切换 LPV 系统的 H_∞ 模型参考跟踪控制问题。首先设计了按参数切换的滞后切换规则。当参数位于不同的子区域时，激活相应的子系统。当参数由一个子区域变化到另一个子区域时，按照滞后原则激活另一参数子集对应的子系统及控制器。然后，给出了 H_∞ 模型参考跟踪问题的可解性充分条件，设计出了模型参考跟踪的控制器。把所设计的跟踪控制方案用于了一个航空发动机切换 LPV 模型中，仿真结果表明了所设计控制方法的有效性。

第 4 章　执行器饱和切换 LPV 系统的扰动容许控制与 L_2 增益分析

本章研究带有执行器饱和切换 LPV 系统的扰动容许能力和满足 L_2 增益性能的控制问题。应用多 Lyapunov 函数法，对参数区域进行划分，设计参数依赖的切换规则以及系统的控制器，以给出切换 LPV 系统扰动容许控制问题的可解性充分条件。另外，基于多 Lyapunov 函数法设计同时依赖于系统状态和调度参数的最小切换规则和系统的控制器，给出带有执行器饱和切换 LPV 系统满足 L_2 增益性能的可解性条件。仿真结果表明所设计方案的有效性。

4.1　引　　言

出于理论研究的发展以及在实际工业过程控制的需要，许多学者开始关注切换系统的研究并取得了一系列的成果[16,32-34]。由于 LPV 系统对描述参数大范围变化的非线性系统具有优势，所以针对 LPV 系统的切换控制研究有大量的研究成果[71,80,99,104]。

所有实际控制系统都可能存在执行器饱和问题，因为控制量都受实际工作条件限制。当控制系统出现执行器饱和时会导致系统性能的降低，甚至会导致控制系统的不稳定。因此，执行器饱和的问题也得到了大量的关注，并且取得了许多重要的研究成果[107-108]。对于切换系统，由于存在着离散的系统动态与连续的系统动态之间的交互作用，所以导致带有执行器饱和的切换控制的研究也变得更复杂。关于切换系统的执行器饱和问题有一些研究成果[109-111]。

航空发动机系统是一种复杂的多变量非线性系统，并且在较大的参数范围内工作。已有许多文献中把发动机系统描述为 LPV 系统[94,96,112]。航空发动机作为一种实际系统也不可避免地存在执行器饱和问题。例如航空发动机一般都以燃油供油量作为主要控制变量，而供油量受实际设备的限制，其变化范围和变化率都是有限的，因此可能存在执行器饱和问题。目前对于航空发动机的切换 LPV 系统的饱和控制问题还未见研究结果，这是本章的研究动机之一。本章针对航空发动机切换 LPV 系统的带有执行器饱和的情况进行研究。主要研究成果如下：首先设计参数依赖的滞后切换规则和状态反馈控制器，研究带有执行器饱和的扰动容许控制问题。然后针对 L_2 增益分析问题，设计依赖参数和系统状态的最小切换规则以及参数依赖的控制器，以给出 L_2 增益分析的可解性条件。最后将所设计的控制方案用于航空发动机系统的切换 LPV 模型中进行验证，仿真结果表明，所设计的控制方案具有有效性。

4.2　问题描述及预备知识

4.2.1　系统模型

考虑如下一类切换 LPV 系统：

$$\left.\begin{aligned}\dot{\boldsymbol{x}} &= \boldsymbol{A}_\sigma(\boldsymbol{\rho})\boldsymbol{x} + \boldsymbol{B}_\sigma(\boldsymbol{\rho})\mathrm{sat}(\boldsymbol{u}) + \boldsymbol{E}_\sigma\boldsymbol{\omega} \\ \boldsymbol{y} &= \boldsymbol{C}_\sigma(\boldsymbol{\rho})\boldsymbol{x}\end{aligned}\right\} \tag{4.1}$$

式中，$\boldsymbol{x} \in \mathbf{R}^{n_x}$，$\boldsymbol{u} \in \mathbf{R}^{n_u}$，$\boldsymbol{y} \in \mathbf{R}^{n_y}$ 分别是系统的状态、控制输入和系统的输出。函数 $\sigma(t)$：$[0, +\infty) \rightarrow \mathbf{Z}_m = \{1,2,\cdots,m\}$ 表示切换信号，它是一个分段右连续的常值函数，并且可能依赖于系统的状态、时间等。当 $\sigma=i$ 时，表示第 i 个子系统被激活。假设系统的子系统和控制器是同步切换的。饱和函数 sat：$\mathbf{R}^m \rightarrow \mathbf{R}^m$ 具有如下的标准形式：

$$\mathrm{sat}(\boldsymbol{u}(t)) = [\mathrm{sat}(u_1(t)) \cdots \mathrm{sat}(u_m(t))]^{\mathrm{T}}$$

其中

$$\mathrm{sat}(u_i(t)) = \mathrm{sign}(u_i(t))\min\{|u_i(t)|, 1\}$$

系统状态矩阵中所有的元素都是参数 $\boldsymbol{\rho}$ 的连续函数并且矩阵函数 $\boldsymbol{A}_i(\boldsymbol{\rho})$，$\boldsymbol{B}_i(\boldsymbol{\rho})$，$\boldsymbol{E}_i$，$\boldsymbol{C}_i(\boldsymbol{\rho})$ 具有相匹配的维数。参数 $\boldsymbol{\rho}$ 是可在线测量的外部变量。调度参数 $\boldsymbol{\rho}$ 和它的导数在边界已知的集合中：

$$\boldsymbol{\rho} \in = \mathscr{P} \overset{\mathrm{def}}{=} \{\boldsymbol{\rho} \in \mathbf{R}^s : \underline{\rho}_k \leqslant \rho_k \leqslant \bar{\rho}_k, k \in \mathbf{Z}_s\} \tag{4.2}$$

$$\dot{\boldsymbol{\rho}} \in \Omega_{\boldsymbol{\rho}} \overset{\mathrm{def}}{=} \{\dot{\boldsymbol{\rho}} \in \mathbf{R}^s : \underline{v}_k \leqslant \dot{\rho}_k \leqslant \bar{v}_k, k \in \mathbf{Z}_s\} \tag{4.3}$$

4.2.2　预备知识

在本章中将用到下面的假设、定义以及引理。

假设 4.1[108]　对于正数 α，扰动 $\boldsymbol{\omega}$ 的能量和幅值是有界的，即

$$\mathscr{W}_\alpha^2 = \left\{\boldsymbol{\omega}: \mathbf{R}^+ \rightarrow \mathbf{R}^q : \int_0^{+\infty} \boldsymbol{\omega}^{\mathrm{T}}(t)\boldsymbol{\omega}(t)\mathrm{d}t \leqslant \alpha, \boldsymbol{\omega}^{\mathrm{T}}(t)\boldsymbol{\omega}(t) \leqslant \beta\right\} \tag{4.4}$$

假设 4.2 切换信号 σ 在任意的有限时间区间内只有有限次切换发生。

定义 4.1[107]　对于正定的矩阵 $\boldsymbol{P} \in \mathbf{R}^{n_x \times n_x}$ 和正数 δ，定义一个椭圆 $\varepsilon(\boldsymbol{P},\delta) = \{\boldsymbol{x} \in \mathbf{R}^{n_x} : \boldsymbol{x}^{\mathrm{T}}\boldsymbol{P}\boldsymbol{x} \leqslant \delta\}$。

对于反馈增益矩阵 $\boldsymbol{F} \in \mathbf{R}^{n_u \times n_x}$，定义一个状态的集合：

$$L(\boldsymbol{F}) = \{\boldsymbol{x} \in \mathbf{R}^{n_x} : |\boldsymbol{F}_i\boldsymbol{x}| \leqslant 1,\ i \in \{1,2,\cdots,n_u\}\}$$

当状态在集合里面时不出现饱和。其中 $\boldsymbol{F}_i$ 表示矩阵 $\boldsymbol{F}$ 的第 i 行。取 $\mathscr{D}$ 是 $n_u \times n_u$ 维对角矩阵的集合，对角矩阵的元素为 1 或 0，则集合 $\mathscr{D}$ 中有 2^{n_u} 个元素。把集合里的元素表示为 $\boldsymbol{D}_l$，$l = 1,2,\cdots,2^{n_u}$，并且取 $\boldsymbol{D}_l^- = \boldsymbol{I} - \boldsymbol{D}_l$，$\boldsymbol{D}_l^- \in \mathscr{D}$。

引理 4.1[107]　取矩阵 $\boldsymbol{F},\boldsymbol{H} \in \mathbf{R}^{n_u \times n_x}$，对任意 $\boldsymbol{x} \in \mathbf{R}^{n_x}$，如果 $\boldsymbol{x} \in L(\boldsymbol{H})$，并且有 $\boldsymbol{u} =$

$[u_1 \ \cdots \ u_{n_u}]^{\mathrm{T}}$ 和 $\boldsymbol{v} = [v_1 \ \cdots \ v_{n_u}]^{\mathrm{T}}$ 对所有的 $i \in \{1,\cdots,n_u\}$ 满足 $|v_i| \leqslant 1$,那么

$$\mathrm{sat}(\boldsymbol{Fx}) \in \mathrm{co}\{\boldsymbol{D}_l\boldsymbol{Fx} + \boldsymbol{D}_l^-\boldsymbol{Hx}\} \tag{4.5}$$

其中,co(·) 表示集合的凸包。则 sat($\boldsymbol{Fx}$) 可表示为

$$\mathrm{sat}(\boldsymbol{Fx}) = \sum_{l=1}^{2^{n_u}} \eta_l(\boldsymbol{D}_l\boldsymbol{F} + \boldsymbol{D}_l^-\boldsymbol{H})\boldsymbol{x} \tag{4.6}$$

其中,$\sum_{l=1}^{2^{n_u}} \eta_l = 1$,$0 \leqslant \eta_l \leqslant 1$ 。此处式(4.6)中的参数 η_l 是系统状态 $\boldsymbol{x}$ 的函数。

本章的控制目标如下:考虑系统式(4.1)和其状态反馈的控制律 $\boldsymbol{u} = \boldsymbol{F}_i(\boldsymbol{\rho})\boldsymbol{x}$ 。当系统带有执行器饱和时,设计切换规则和饱和状态反馈控制器使得饱和不发生。当系统的轨线从一个小的椭圆出发时,将保持在一个大的椭圆内,并且能够保证系统的输出与扰动输入之间具有良好的 H_∞ 性能。

4.3 主要成果

4.3.1 扰动容许控制

本节将设计控制器和按参数切换的滞后切换规则以解决扰动容许问题。

假设存在一组曲面 $\mathcal{S}_{ij}(i,j \in \mathbf{Z}_m)$ 把集合 $\mathcal{P}$ 分成一组子集合 $\{\mathcal{P}_i\}_{i\in\mathbf{Z}_m}$ 。相邻的参数子集有互相重叠的部分并且 $\mathcal{P} = \bigcup \mathcal{P}_i$,$i \in \mathbf{Z}_m$ 。参数 $\boldsymbol{\rho} \in \mathcal{P}$,集合 $\mathcal{P}_i$ 是带有重叠部分的参数子集。切换面 $\mathcal{S}_{ij}$ 表示参数轨线单向从子集合 $\mathcal{P}_i$ 移到 $\mathcal{P}_j$,$\mathcal{S}_{ji}$ 表示相反的移动方向。参数依赖的切换信号 σ 可表示如下:

取 $\sigma(0) = i$,如果 $\boldsymbol{\rho}(0) \in \mathcal{P}_i$,则有

$$\sigma(t) = \begin{cases} i, & \sigma(t^-) = i, \quad \boldsymbol{\rho}(t) \in \mathcal{P}_i \\ j, & \sigma(t^-) = i, \quad \boldsymbol{\rho}(t) \in \mathcal{P}_j - \mathcal{P}_i \end{cases} \tag{4.7}$$

式中:$i,j \in \mathbf{Z}_m$ 。按参数切换的滞后切换规则如图 4.1 所示。σ 的值表示激活的子区域,从而决定系统和控制器在该子区域的动态行为。

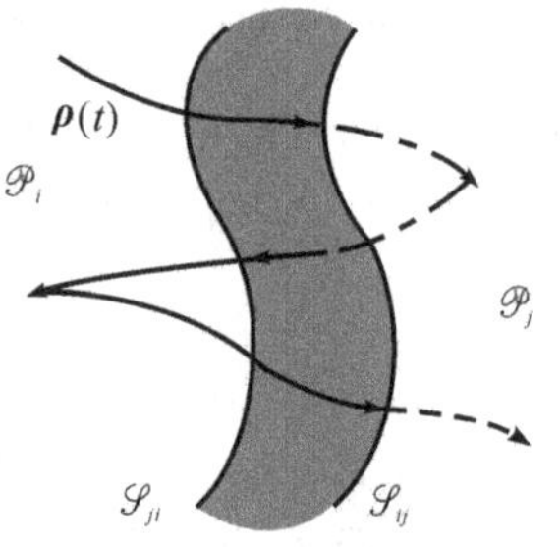

图 4.1 滞后切换规则

在下面的定理中,将给出保证系统具有扰动容许控制能力的充分条件。

定理 4.1 对切换 LPV 系统式(4.1)和参数集合 $\mathcal{P}$ 以及它的带有重叠部分的参数子集合

$\{\mathscr{P}_i\}_{i\in \mathbf{Z}_m}$，如果存在正定的矩阵函数 $\boldsymbol{X}_i(\boldsymbol{\rho})\in\mathbf{R}^{n_x\times n_x}$，矩阵函数 $\boldsymbol{F}_i(\boldsymbol{\rho})\in\mathbf{R}^{n_u\times n_x}$，$\boldsymbol{H}_i(\boldsymbol{\rho})\in\mathbf{R}^{n_u\times n_x}$，以及正数 η，使得

$$\begin{bmatrix}\boldsymbol{\Psi}_{11} & \boldsymbol{X}_i(\boldsymbol{\rho})\boldsymbol{E}_i\\ * & -\eta\boldsymbol{I}\end{bmatrix}<0,\quad \forall\boldsymbol{\rho}\in\mathscr{P}_i \tag{4.8}$$

和

$$\left.\begin{array}{l}\varepsilon(\boldsymbol{X}_i(\boldsymbol{\rho}),1+\alpha\eta)\subset L(\boldsymbol{H}_i(\boldsymbol{\rho}))\\ \boldsymbol{X}_i(\boldsymbol{\rho})-\boldsymbol{X}_j(\boldsymbol{\rho})\geqslant 0,\quad\forall\boldsymbol{\rho}\in\mathscr{S}_{ij}\end{array}\right\} \tag{4.9}$$

成立，其中，$\boldsymbol{\Psi}_{11}=\mathrm{He}\{\boldsymbol{X}_i(\boldsymbol{\rho})[\boldsymbol{A}_i(\boldsymbol{\rho})+\boldsymbol{B}_i(\boldsymbol{\rho})(\boldsymbol{D}_l\boldsymbol{F}_i(\boldsymbol{\rho})+\boldsymbol{D}_l^-\boldsymbol{H}_i(\boldsymbol{\rho}))]\}+\dot{\boldsymbol{X}}_i(\boldsymbol{\rho})$，并且 $l\in[1,2^{n_u}]$，$i,j\in\mathbf{Z}_m$ 成立。那么，闭环系统的每一条从 $\bigcap_{i=1}^{m}\varepsilon(\boldsymbol{X}_i(\boldsymbol{\rho}),1)$ 出发的轨线将保持在区域 $\bigcap_{i=1}^{m}\varepsilon(\boldsymbol{X}_i(\boldsymbol{\rho}),1+\alpha\eta)$ 内，其中 $\boldsymbol{\omega}\in\mathscr{W}_\alpha^2$。如果式子 $\varepsilon(\boldsymbol{X}_i(\boldsymbol{\rho}),1+\alpha\eta)$ 变为 $\varepsilon(\boldsymbol{X}_i(\boldsymbol{\rho}),\alpha\eta)$，那么切换系统(4.1)的闭环系统的每一条从原点出发的轨线将保持在区域 $\bigcap_{i=1}^{m}\varepsilon(\boldsymbol{X}_i(\boldsymbol{\rho}),\alpha\eta)$ 内。

证明：取切换系统式(4.1)闭环系统子系统的参数依赖的类 Lyapunov 函数为 $\boldsymbol{V}_i(\boldsymbol{x},\boldsymbol{\rho})=\boldsymbol{x}^{\mathrm{T}}\boldsymbol{X}_i(\boldsymbol{\rho})\boldsymbol{x}$，$\boldsymbol{X}_i(\boldsymbol{\rho})\in\mathbf{R}^{n_x\times n_x}$。则对任意的 $\boldsymbol{x}\in\varepsilon(\boldsymbol{X}_i(\boldsymbol{\rho}),1+\alpha\eta)$，沿系统式(4.1)闭环系统的轨线对 $\boldsymbol{V}_i(\boldsymbol{x},\boldsymbol{\rho})$ 求导数，得到

$$\begin{aligned}\dot{\boldsymbol{V}}_i(\boldsymbol{x},\boldsymbol{\rho})=&\,2\boldsymbol{x}^{\mathrm{T}}\boldsymbol{X}_i(\boldsymbol{\rho})\dot{\boldsymbol{x}}+\boldsymbol{x}^{\mathrm{T}}\dot{\boldsymbol{X}}_i(\boldsymbol{\rho})\boldsymbol{x}=\\ &2\boldsymbol{x}^{\mathrm{T}}\boldsymbol{X}_i(\boldsymbol{\rho})[\boldsymbol{A}_i(\boldsymbol{\rho})\boldsymbol{x}+\boldsymbol{B}_i(\boldsymbol{\rho})\mathrm{sat}(\boldsymbol{F}_i(\boldsymbol{\rho}))\boldsymbol{x}+\boldsymbol{E}_i\boldsymbol{\omega}]+\boldsymbol{x}^{\mathrm{T}}\dot{\boldsymbol{X}}_i(\boldsymbol{\rho})\boldsymbol{x}\leqslant\\ &\max_{l\in[1,2^{n_u}]}\{2\boldsymbol{x}^{\mathrm{T}}\boldsymbol{X}_i(\boldsymbol{\rho})\{\boldsymbol{A}_i(\boldsymbol{\rho})\boldsymbol{x}+\boldsymbol{B}_i(\boldsymbol{\rho})[\boldsymbol{D}_l\boldsymbol{F}_i(\boldsymbol{\rho})+\boldsymbol{D}_l^-\boldsymbol{H}_i(\boldsymbol{\rho})]\boldsymbol{x}+\boldsymbol{E}_i\boldsymbol{\omega}\}+\boldsymbol{x}^{\mathrm{T}}\dot{\boldsymbol{X}}_i(\boldsymbol{\rho})\boldsymbol{x}\}\end{aligned}$$

对任意的 $\eta>0$，应用引理 2.2 可知

$$2\boldsymbol{x}^{\mathrm{T}}\boldsymbol{X}_i(\boldsymbol{\rho})\boldsymbol{E}_i\boldsymbol{\omega}\leqslant\frac{1}{\eta}\boldsymbol{x}^{\mathrm{T}}\boldsymbol{X}_i(\boldsymbol{\rho})\boldsymbol{E}_i\boldsymbol{E}_i^{\mathrm{T}}\boldsymbol{X}_i(\boldsymbol{\rho})\boldsymbol{x}+\eta\boldsymbol{\omega}^{\mathrm{T}}\boldsymbol{\omega}$$

则可得

$$\begin{aligned}\dot{\boldsymbol{V}}_i(\boldsymbol{x})\leqslant&\max_{l\in[1,2^{n_u}]}\{2\boldsymbol{x}^{\mathrm{T}}\boldsymbol{X}_i(\boldsymbol{\rho})\{\boldsymbol{A}_i(\boldsymbol{\rho})+\boldsymbol{B}_i(\boldsymbol{\rho})[\boldsymbol{D}_l\boldsymbol{F}_i(\boldsymbol{\rho})+\boldsymbol{D}_l^-\boldsymbol{H}_i(\boldsymbol{\rho})]\}\boldsymbol{x}\}+\\ &\boldsymbol{x}^{\mathrm{T}}\dot{\boldsymbol{X}}_i(\boldsymbol{\rho})\boldsymbol{x}+\frac{1}{\eta}\boldsymbol{x}^{\mathrm{T}}\boldsymbol{X}_i(\boldsymbol{\rho})\boldsymbol{E}_i\boldsymbol{E}_i^{\mathrm{T}}\boldsymbol{X}_i(\boldsymbol{\rho})\boldsymbol{x}+\eta\boldsymbol{\omega}^{\mathrm{T}}\boldsymbol{\omega}\end{aligned} \tag{4.10}$$

如果有不等式

$$\begin{aligned}&\max_{l\in[1,2^{n_u}]}\{2\boldsymbol{x}^{\mathrm{T}}\boldsymbol{X}_i(\boldsymbol{\rho})\{\boldsymbol{A}_i(\boldsymbol{\rho})+\boldsymbol{B}_i(\boldsymbol{\rho})[\boldsymbol{D}_l\boldsymbol{F}_i(\boldsymbol{\rho})+\boldsymbol{D}_l^-\boldsymbol{H}_i(\boldsymbol{\rho})]\}\boldsymbol{x}\}+\\ &\qquad\boldsymbol{x}^{\mathrm{T}}\dot{\boldsymbol{X}}_i(\boldsymbol{\rho})\boldsymbol{x}+\frac{1}{\eta}\boldsymbol{x}^{\mathrm{T}}\boldsymbol{X}_i(\boldsymbol{\rho})\boldsymbol{E}_i\boldsymbol{E}_i^{\mathrm{T}}\boldsymbol{X}_i(\boldsymbol{\rho})\boldsymbol{x}<0\end{aligned} \tag{4.11}$$

成立，则可得

$$\dot{\boldsymbol{V}}_i(\boldsymbol{x})<\eta\boldsymbol{\omega}^{\mathrm{T}}\boldsymbol{\omega},\quad\forall\boldsymbol{x}\in\bigcap_{i}^{N}\varepsilon(\boldsymbol{X}_i(\boldsymbol{\rho}),1+\alpha\eta) \tag{4.12}$$

由定理 4.1 的不等式条件式(4.8)，就可以保证不等式(4.11)成立，从而保证式(4.12)成立。

令在区间 $[0,T]$ 内的切换序列为 $t_0,t_1,t_2,\cdots,t_N$ 并且 $t_0=0$。进一步由不等式(4.9)得到

$$\boldsymbol{V}_\sigma(\boldsymbol{x}(t_k))\leqslant\boldsymbol{V}_\sigma(\boldsymbol{x}(t_k^-)) \tag{4.13}$$

取 $t_j(j=1,2,\cdots,m)$ 表示参数轨线穿过切换面 $\mathscr{S}_{ij}$ 的时刻。并对不等式(4.12)两端从 0～$+\infty$积分,得到

$$\int_0^{+\infty}\dot{V}(x(\tau))\mathrm{d}\tau = V(x(t)) - V(x(0)) = \sum_{j\in \mathbf{Z}_m}\int_{t_{i_j}}^{t_{i_{j+1}}}\dot{V}(\tau)\mathrm{d}\tau < \eta\sum_{j\in \mathbf{Z}_m}\int_{t_{i_j}}^{t_{i_{j+1}}}\boldsymbol{\omega}^{\mathrm{T}}(\tau)\boldsymbol{\omega}(\tau)\mathrm{d}\tau \leqslant \eta\alpha \tag{4.14}$$

因此,得到

$$V(x(t)) \leqslant V(x(0)) + \alpha\eta \tag{4.15}$$

这表明如果对任意的 $t\geqslant 0$,若 $V(x(0))\leqslant 1$,即 $x(0)\in \varepsilon(X_i(\boldsymbol{\rho}),1)$,则 $V(x(t))\leqslant 1+\alpha\eta$ 和 $x(t)\in\varepsilon(X_i(\boldsymbol{\rho}),1+\alpha\eta)$ 成立。

如果 $x(0)=0$,则有 $V(x(0))=0$。因此不等式(4.15)变为

$$V(x(t))\leqslant \alpha\eta$$

这表明对于任意的 $\boldsymbol{\omega}\in\mathscr{W}_\alpha$,系统式(4.1)的闭环系统由原点出发的轨线将保持在区域 $\varepsilon(X_i(\boldsymbol{\rho}),\alpha\eta)$ 内。证毕。

因为定理 4.1 的矩阵不等式(4.8)和不等式(4.9)是对参数依赖的矩阵函数 $X_i(\boldsymbol{\rho})$,$F_i(\boldsymbol{\rho})$ 和 $H_i(\boldsymbol{\rho})$ 的非凸的矩阵不等式,所以下面把不等式化成可解的 LMIs。

定理 4.2 对于切换系统式(4.1)及其参数集 $\mathscr{P}$ 和它的带有重叠区域的参数子集 $\{\mathscr{P}_i\}_{i\in\mathbf{Z}_m}$。如果存在正定的矩阵函数 $Y_i(\boldsymbol{\rho}):\mathbf{R}^s\to\mathbf{R}^{n_x\times n_x}$,矩阵函数 $W_i(\boldsymbol{\rho}):\mathbf{R}^s\to\mathbf{R}^{n_u\times n_x}$,$Z_i(\boldsymbol{\rho}):\boldsymbol{R}^s\to\boldsymbol{R}^{n_u\times n_x}$ 和正常数 $\bar{\alpha}$,$\mu\in(0,1)$,使得

$$\begin{bmatrix}\boldsymbol{\Omega}_{11} & \bar{\alpha}E_i\\ * & \dfrac{\mu-1}{\mu}I\end{bmatrix}<0 \tag{4.16}$$

$$\begin{bmatrix}\mu & z_{il}(\boldsymbol{\rho})\\ * & Y_i(\boldsymbol{\rho})\end{bmatrix}\geqslant 0 \tag{4.17}$$

$$Y_i(\boldsymbol{\rho})-Y_j(\boldsymbol{\rho})\leqslant 0,\ \forall\boldsymbol{\rho}\in\mathscr{S}_{ij} \tag{4.18}$$

成立,其中,$\boldsymbol{\Omega}_{11}=\mathrm{He}\{A_i(\boldsymbol{\rho})Y_i(\boldsymbol{\rho})+B_i(\boldsymbol{\rho})[D_lW_i(\boldsymbol{\rho})+D_l^- Z_i(\boldsymbol{\rho})]\}-\sum_{k=1}^{s}\{\underline{v}_k,\bar{v}_k\}\dfrac{\partial Y_i(\boldsymbol{\rho})}{\partial\rho_k}$,$l\in\{1,2,\cdots,n_u\}$,并且 $z_{il}(\boldsymbol{\rho})$ 是矩阵 $Z_i(\boldsymbol{\rho})$ 的第 l 行。那么对任意的 $\boldsymbol{\omega}\in\mathscr{W}_\alpha$,系统式(4.1)的闭环系统从 $\bigcap_{i=1}^{m}\varepsilon(X_i(\boldsymbol{\rho}),1)$ 出发的轨线将保持在 $\bigcap_{i=1}^{m}\varepsilon(X_i(\boldsymbol{\rho}),1+\alpha\eta)$ 内。如果该闭环系统的轨线从原点出发将保持在 $\varepsilon(X_i(\boldsymbol{\rho}),\alpha\eta)$ 内。

证明:对式(4.8)左乘 $\mathrm{diag}\{X_i^{-1}(\boldsymbol{\rho}),I\}$ 和右乘 $\mathrm{diag}\{X_i^{-1}(\boldsymbol{\rho}),I\}$ 的转置矩阵,可得

$$\begin{bmatrix}\boldsymbol{\Gamma}_{11} & E_i\\ * & -\eta I\end{bmatrix}<0,\quad \forall\boldsymbol{\rho}\in\mathscr{P}_i \tag{4.19}$$

其中

$$\boldsymbol{\Gamma}_{11}=\mathrm{He}\{\{A_i(\boldsymbol{\rho})+B_i(\boldsymbol{\rho})[D_lF_i(\boldsymbol{\rho})+D_l^- H_i(\boldsymbol{\rho})]\}X_i^{-1}(\boldsymbol{\rho})\}+X_i^{-1}(\boldsymbol{\rho})\dot{X}_i(\boldsymbol{\rho})X_i^{-1}(\boldsymbol{\rho}) \tag{4.20}$$

对下式

$$X_i(\boldsymbol{\rho})X_i^{-1}(\boldsymbol{\rho}) = I \tag{4.21}$$

两端分别求导数，得到

$$\mathrm{d}[X_i(\boldsymbol{\rho})]X_i^{-1}(\boldsymbol{\rho}) + X_i(\boldsymbol{\rho})\mathrm{d}[X_i^{-1}(\boldsymbol{\rho})] = 0 \tag{4.22}$$

对式(4.22)左乘 $X_i^{-1}(\boldsymbol{\rho})$ 得到

$$X_i^{-1}(\boldsymbol{\rho})\dot{X}_i(\boldsymbol{\rho})X_i^{-1}(\boldsymbol{\rho}) = -\mathrm{d}[X_i^{-1}(\boldsymbol{\rho})] \tag{4.23}$$

取 $Y_i(\boldsymbol{\rho}) = X_i^{-1}(\boldsymbol{\rho})$，把式(4.23)代入式(4.20)，得到

$$\boldsymbol{\Gamma}_{11} = \mathrm{He}\{A_i(\boldsymbol{\rho})Y_i(\boldsymbol{\rho}) + B_i(\boldsymbol{\rho})[D_lF_i(\boldsymbol{\rho}) + D_l^- H_i(\boldsymbol{\rho})]Y_i(\boldsymbol{\rho})\} - \sum_{k=1}^{s}\{\underline{v}_k, \bar{v}_k\}\frac{\partial Y_i(\boldsymbol{\rho})}{\partial \rho_k}$$

令 $W_i(\boldsymbol{\rho}) = F_i(\boldsymbol{\rho})Y_i(\boldsymbol{\rho})$ 和 $Z_i(\boldsymbol{\rho}) = H_i(\boldsymbol{\rho})Y_i(\boldsymbol{\rho})$，那么得到

$$\boldsymbol{\Omega}_{11} = \mathrm{He}\{A_i(\boldsymbol{\rho})Y_i(\boldsymbol{\rho}) + B_i(\boldsymbol{\rho})(D_lW_i(\boldsymbol{\rho}) + D_l^- Z_i(\boldsymbol{\rho}))\} - \sum_{k=1}^{s}\{\underline{v}_k, \bar{v}_k\}\frac{\partial Y_i(\boldsymbol{\rho})}{\partial \rho_k}$$

根据参考文献[107]的方法，式(4.17)变为

$$(1+\alpha\eta)h_{ij}X_i^{-1}(\boldsymbol{\rho})h_{ij}^{\mathrm{T}} \leqslant 1, \quad l \in \{1,2,\cdots,n_u\} \tag{4.24}$$

式中：h_{ij} 是矩阵 $H_i(\boldsymbol{\rho})$ 的第 j 行。取 $\mu = 1/(1+\alpha\eta)$，$Y_i(\boldsymbol{\rho}) = X_i^{-1}(\boldsymbol{\rho})$，$Z_i(\boldsymbol{\rho}) = H_i(\boldsymbol{\rho})Y_i(\boldsymbol{\rho})$，则得到 $\mu \in (0,1)$。由 Schur 引理，式(4.24)可进一步化为

$$\begin{bmatrix} \mu & z_{il}(\boldsymbol{\rho}) \\ * & Y_i(\boldsymbol{\rho}) \end{bmatrix} \geqslant 0, \quad l \in \{1,2,\cdots,n_u\} \tag{4.25}$$

式中：$z_{il}(\boldsymbol{\rho})$ 是矩阵 $Z_i(\boldsymbol{\rho})$ 的第 l 行。令 $\bar{\alpha} = \sqrt{\alpha}$，由 Schur 补引理，可以得到式(4.16)。对于任意的参数 $\boldsymbol{\rho} \in \mathscr{S}_{ij}$，对不等式(4.9)左乘 $X_j^{-1}(\boldsymbol{\rho})$ 并且右乘 $X_i^{-1}(\boldsymbol{\rho})$，有

$$X_j^{-1}(\boldsymbol{\rho}) - X_i^{-1}(\boldsymbol{\rho}) \geqslant 0 \tag{4.26}$$

将式(4.26)中的 $X_i^{-1}(\boldsymbol{\rho})$ 和 $X_j^{-1}(\boldsymbol{\rho})$ 分别替换为 $Y_i(\boldsymbol{\rho})$ 与 $Y_j(\boldsymbol{\rho})$，则不等式(4.18)可以得到，其中 $i,j \in \mathbf{Z}_m$。证毕。

注 4.1　因为参数 $\boldsymbol{\rho}$ 及其导数 $\dot{\boldsymbol{\rho}}$ 所在的集合都是有界集，所以可选用 $\sum_{k=1}^{s}\{\underline{v}_k, \bar{v}_k\}\partial Y_i(\boldsymbol{\rho})/\partial \rho_k$ 表示其导数的组合，并且用导数的上、下界 $\bar{v}_k$ 和 $\underline{v}_k$ 代替 $\dot{\rho}_k$。

4.3.2　L_2 增益分析

本节将设计状态反馈的控制器，以及参数与系统状态依赖的切换规则，以分析带有执行器饱和的系统输出与扰动的 L_2 增益关系。

考虑连续函数 $V_i(x,\boldsymbol{\rho})$，$\forall i \in \mathbf{Z}_m$，令

$$\Omega_i = \{(x,\boldsymbol{\rho}) \mid V_i(x,\boldsymbol{\rho}) - V_j(x,\boldsymbol{\rho}) \leqslant 0, \quad j \in \mathbf{Z}_m\} \tag{4.27}$$

$$\tilde{\Omega}_{ij} = \{(x,\boldsymbol{\rho}) \mid V_i(x,\boldsymbol{\rho}) - V_j(x,\boldsymbol{\rho}) = 0, \quad i \neq j\} \tag{4.28}$$

那么，集合 $\tilde{\Omega}_i = \bigcup_{j\in\mathbf{Z}_m, j\neq i}^{m} \tilde{\Omega}_{ij}$ 包含 Ω_i 的边界，它表明 $\bigcup_{i=1}^{m}\Omega_i = \mathbf{R}^{n_x} \times \mathbf{R}^s$。设计如下形式的切换规则：

$$\sigma(x,\boldsymbol{\rho}) = \arg\min_{i\in\mathbf{Z}_m}\{V_i(x,\boldsymbol{\rho})\} \tag{4.29}$$

注 4.2　因为切换系统式(4.1)同时依赖于系统状态和外部参数，所以系统的切换规则有必要体现系统的状态及调试参数对系统的影响。如果集合 $\Omega_i(i \in \mathbf{Z}_m)$ 只依赖于参数而不依

赖于系统状态，那么该切换规则就变成了文献[12]中的只依赖于参数的切换规则，即 4.3.1 节用到的切换规则。如果 $\Omega_i(i \in \mathbf{Z}_m)$ 只包含系统状态，而不包含参数，切换规则式(4.29)就变成了如文献[8]中的一般的状态依赖的切换规则。

在下面的定理中，将给出保证系统的外部扰动到系统输出 $\boldsymbol{y}(t)$ 具有 L_2 增益的充分条件。

定理 4.3 对于切换系统式(4.1)和常数 $\alpha > 0$，如果存在正定矩阵函数 $\boldsymbol{P}_i(\boldsymbol{\rho}) \in \mathbf{R}^{n_x \times n_x}$，矩阵函数 $\boldsymbol{F}_i(\boldsymbol{\rho}) \in \mathbf{R}^{n_u \times n_x}$ 和 $\boldsymbol{H}_i(\boldsymbol{\rho}) \in \mathbf{R}^{n_u \times n_x}$，以及函数 $\beta_{ij}(\boldsymbol{\rho}) \leqslant 0$，使得下面的不等式

$$\begin{bmatrix} \boldsymbol{\Phi}_{11} & \boldsymbol{P}_i(\boldsymbol{\rho})\boldsymbol{E}_i(\boldsymbol{\rho}) & \boldsymbol{C}_i^{\mathrm{T}}(\boldsymbol{\rho}) \\ * & -\gamma_i^2 \boldsymbol{I} & 0 \\ * & 0 & -\boldsymbol{I} \end{bmatrix} < 0 \tag{4.30}$$

和

$$\varepsilon(\boldsymbol{P}_i(\boldsymbol{\rho}), \alpha) \subset L(\boldsymbol{H}_i(\boldsymbol{\rho})) \tag{4.31}$$

成立。其中，$\boldsymbol{\Phi}_{11} = \mathrm{He}\{\boldsymbol{P}_i(\boldsymbol{\rho})[\boldsymbol{A}_i(\boldsymbol{\rho}) + \boldsymbol{B}_i(\boldsymbol{\rho})(\boldsymbol{D}_l\boldsymbol{F}_i(\boldsymbol{\rho}) + \boldsymbol{D}_l^- \boldsymbol{H}_i(\boldsymbol{\rho}))]\} + \dot{\boldsymbol{P}}_i(\boldsymbol{\rho}) + \sum\limits_{i,j \in \mathbf{Z}_m} \beta_{ij}(\boldsymbol{P}_i(\boldsymbol{\rho}) - \boldsymbol{P}_j(\boldsymbol{\rho}))$，$i,j \in \mathbf{Z}_m$，$l \in \{1,2,\cdots,2^{n_u}\} = \mathbf{Z}_{2^{n_u}}$。那么在切换信号(4.29)和控制器 $\boldsymbol{u} = \boldsymbol{F}_i(\boldsymbol{\rho})\boldsymbol{x}$ 的作用下，由干扰信号 $\boldsymbol{\omega}$ 系统输出 $\boldsymbol{y}(t)$ 的 L_2 增益小于或等于 $\gamma = \max\limits_{i \in \mathbf{Z}_m} \gamma_i$。

证明： 选取 $\boldsymbol{V}_i(\boldsymbol{x},\boldsymbol{\rho}) = \boldsymbol{x}^{\mathrm{T}}\boldsymbol{P}_i(\boldsymbol{\rho})\boldsymbol{x}$ 作为系统式(4.1)闭环系统子系统的参数依赖的类 Lyapunov 函数。对 $\boldsymbol{V}_i$ 沿着闭环系统的状态轨线求导数得到

$$\begin{aligned} \dot{\boldsymbol{V}}_i(\boldsymbol{x},\boldsymbol{\rho}) = {} & 2\boldsymbol{x}^{\mathrm{T}}\boldsymbol{P}_i(\boldsymbol{\rho})\dot{\boldsymbol{x}} + \boldsymbol{x}^{\mathrm{T}}\dot{\boldsymbol{P}}_i(\boldsymbol{\rho})\boldsymbol{x} = 2\boldsymbol{x}^{\mathrm{T}}\boldsymbol{P}_i(\boldsymbol{\rho})[\boldsymbol{A}_i(\boldsymbol{\rho})\boldsymbol{x} + \boldsymbol{B}_i(\boldsymbol{\rho})\mathrm{sat}(\boldsymbol{F}_i(\boldsymbol{\rho})\boldsymbol{x}) + \boldsymbol{E}_i\boldsymbol{\omega}] + \\ & \boldsymbol{x}^{\mathrm{T}}\dot{\boldsymbol{P}}_i(\boldsymbol{\rho})\boldsymbol{x} \leqslant \max_{l \in \mathbf{Z}_{2^{n_u}}}\{2\boldsymbol{x}^{\mathrm{T}}\boldsymbol{P}_i(\boldsymbol{\rho})(\boldsymbol{A}_i(\boldsymbol{\rho})\boldsymbol{x} + \boldsymbol{B}_i(\boldsymbol{\rho})[\boldsymbol{D}_l\boldsymbol{F}_i(\boldsymbol{\rho}) + \\ & \boldsymbol{D}_l^-\boldsymbol{H}_i(\boldsymbol{\rho})]\boldsymbol{x} + \boldsymbol{E}_i\boldsymbol{\omega})\} + \boldsymbol{x}^{\mathrm{T}}\dot{\boldsymbol{P}}_i(\boldsymbol{\rho})\boldsymbol{x} \end{aligned}$$

因为 $\beta_{ij}(\boldsymbol{\rho}) \leqslant 0$，并且由式(4.27)和式(4.28)，可得

$$\begin{aligned} \dot{\boldsymbol{V}}_i(\boldsymbol{x},\boldsymbol{\rho}) \leqslant {} & \max_{l \in \mathbf{Z}_{2^{n_u}}}\{2\boldsymbol{x}^{\mathrm{T}}\boldsymbol{P}_i(\boldsymbol{\rho})(\boldsymbol{A}_i(\boldsymbol{\rho})\boldsymbol{x} + \boldsymbol{B}_i(\boldsymbol{\rho})[\boldsymbol{D}_l\boldsymbol{F}_i(\boldsymbol{\rho}) + \boldsymbol{D}_l^-\boldsymbol{H}_i(\boldsymbol{\rho})]\boldsymbol{x} + \boldsymbol{E}_i\boldsymbol{\omega})\} + \\ & \sum_{i,j \in \mathbf{Z}_m} \beta_{ij}\boldsymbol{x}^{\mathrm{T}}(\boldsymbol{P}_i(\boldsymbol{\rho}) - \boldsymbol{P}_j(\boldsymbol{\rho}))\boldsymbol{x} + \boldsymbol{x}^{\mathrm{T}}\dot{\boldsymbol{P}}_i(\boldsymbol{\rho})\boldsymbol{x} \end{aligned}$$

进一步，可得

$$\begin{aligned} \dot{\boldsymbol{V}}_i(\boldsymbol{x},\boldsymbol{\rho}) + \boldsymbol{y}^{\mathrm{T}}\boldsymbol{y} - \gamma_i^2\boldsymbol{\omega}^{\mathrm{T}}\boldsymbol{\omega} \leqslant {} & \max_{l \in \mathbf{Z}_{2^{n_u}}}\{2\boldsymbol{x}^{\mathrm{T}}\boldsymbol{P}_i(\boldsymbol{\rho})\{\boldsymbol{A}_i(\boldsymbol{\rho}) + \boldsymbol{B}_i(\boldsymbol{\rho})[\boldsymbol{D}_l\boldsymbol{F}_i(\boldsymbol{\rho}) + \boldsymbol{D}_l^-\boldsymbol{H}_i(\boldsymbol{\rho})]\}\boldsymbol{x}\} + \\ & \sum_{i,j \in \mathbf{Z}_m} \beta_{ij}\boldsymbol{x}^{\mathrm{T}}(\boldsymbol{P}_i(\boldsymbol{\rho}) - \boldsymbol{P}_j(\boldsymbol{\rho}))\boldsymbol{x} + \boldsymbol{x}^{\mathrm{T}}\dot{\boldsymbol{P}}_i(\boldsymbol{\rho})\boldsymbol{x} + 2\boldsymbol{x}^{\mathrm{T}}\boldsymbol{P}_i(\boldsymbol{\rho})\boldsymbol{E}_i\boldsymbol{\omega} + \\ & \boldsymbol{x}^{\mathrm{T}}\boldsymbol{C}_i^{\mathrm{T}}(\boldsymbol{\rho})\boldsymbol{C}_i(\boldsymbol{\rho})\boldsymbol{x} - \gamma_i^2\boldsymbol{\omega}^{\mathrm{T}}\boldsymbol{\omega} \end{aligned}$$

如果有不等式

$$\begin{aligned} & \max_{l \in \mathbf{Z}_{2^{n_u}}}\{2\boldsymbol{x}^{\mathrm{T}}\boldsymbol{P}_i(\boldsymbol{\rho})\{\boldsymbol{A}_i(\boldsymbol{\rho}) + \boldsymbol{B}_i(\boldsymbol{\rho})[\boldsymbol{D}_l\boldsymbol{F}_i(\boldsymbol{\rho}) + \boldsymbol{D}_l^-\boldsymbol{H}_i(\boldsymbol{\rho})]\}\boldsymbol{x}\} + \\ & \sum_{i,j \in \mathbf{Z}_m} \beta_{ij}\boldsymbol{x}^{\mathrm{T}}(\boldsymbol{P}_i(\boldsymbol{\rho}) - \boldsymbol{P}_j(\boldsymbol{\rho}))\boldsymbol{x} + \boldsymbol{x}^{\mathrm{T}}\dot{\boldsymbol{P}}_i(\boldsymbol{\rho})\boldsymbol{x} + 2\boldsymbol{x}^{\mathrm{T}}\boldsymbol{P}_i(\boldsymbol{\rho})\boldsymbol{E}_i\boldsymbol{\omega} + \\ & \boldsymbol{x}^{\mathrm{T}}\boldsymbol{C}_i^{\mathrm{T}}(\boldsymbol{\rho})\boldsymbol{C}_i(\boldsymbol{\rho})\boldsymbol{x} - \gamma_i^2\boldsymbol{\omega}^{\mathrm{T}}\boldsymbol{\omega} < 0 \end{aligned} \tag{4.32}$$

成立，就能保证

$$\dot{\boldsymbol{V}}_i(\boldsymbol{x},\boldsymbol{\rho}) + \boldsymbol{y}^{\mathrm{T}}\boldsymbol{y} - \gamma_i^2\boldsymbol{\omega}^{\mathrm{T}}\boldsymbol{\omega} \leqslant 0, \forall\, \boldsymbol{x} \in \varepsilon(\boldsymbol{P}_i(\boldsymbol{\rho}), \alpha) \tag{4.33}$$

成立。应用定理 4.3 中的条件式(4.30)及 Schur 引理，就能保证不等式(4.32)成立，从而就能保证不等式(4.33)成立。

由切换规则式(4.29),在每一个切换时刻相邻两个子系统的类 Lyapunov 函数值相等。对式(4.33)两端由 0～+∞进行积分,得到

$$-\boldsymbol{V}_{i0}(\rho_0,x_0)+\int_0^{+\infty}(\boldsymbol{y}^{\mathrm{T}}\boldsymbol{y}-\gamma^2\boldsymbol{\omega}^{\mathrm{T}}\boldsymbol{\omega})\mathrm{d}t\leqslant 0 \tag{4.34}$$

其中, $\forall \boldsymbol{x}\in\bigcap\varepsilon(\boldsymbol{P}_i(\boldsymbol{\rho}),\alpha)$,并且有 $\gamma=\max\limits_{i\in\mathbf{Z}_m}\gamma_i$ 。由零初始条件和 $\boldsymbol{V}_i(\boldsymbol{x},\boldsymbol{\rho})\geqslant 0$,得到

$$\int_0^{+\infty}\boldsymbol{y}^{\mathrm{T}}\boldsymbol{y}\mathrm{d}t\leqslant\gamma^2\int_0^{+\infty}\boldsymbol{\omega}^{\mathrm{T}}\boldsymbol{\omega}\mathrm{d}t$$

这说明在切换规则式(4.29)和所设计的控制器 $\boldsymbol{u}=\boldsymbol{F}_i(\boldsymbol{\rho})\boldsymbol{x}$ 的作用下,由干扰信号 $\boldsymbol{\omega}$ 到系统输出 $\boldsymbol{y}(t)$ 的 L_2 增益小于或等于 $\gamma=\max\limits_{i\in\mathbf{Z}_m}\gamma_i$。证毕 。

由于定理 4.3 的条件不等式(4.30)和条件不等式(4.31)是非凸的矩阵不等式,所以下面把它们转化成可解的线性矩阵不等式。

定理 4.4　对于切换系统式(4.1)和已知的正常数 α ,如果存在正定矩阵函数 $\boldsymbol{Q}_i(\boldsymbol{\rho})\in\mathbf{R}^{n_x\times n_x}$,矩阵函数 $\boldsymbol{W}_i(\boldsymbol{\rho})\in\mathbf{R}^{n_u\times n_x}$, $\boldsymbol{Z}_i(\boldsymbol{\rho})\in\mathbf{R}^{n_u\times n_x}$ 以及函数 $\beta_{ij}(\rho)\leqslant 0$,使得下面的条件成立:

$$\begin{bmatrix}\boldsymbol{\Omega}_{11} & \boldsymbol{E}_i & \boldsymbol{\Omega}_{13} & \boldsymbol{\Omega}_{14} & \cdots & \sqrt{\beta_{im}}\boldsymbol{Q}_i\\ * & -\gamma_i^2\boldsymbol{I} & 0 & 0 & \cdots & 0\\ * & * & -\boldsymbol{I} & 0 & \cdots & 0\\ * & * & * & -\boldsymbol{Q}_1 & \cdots & 0\\ \vdots & \vdots & \vdots & \vdots & & \vdots\\ * & * & * & * & \cdots & -\boldsymbol{Q}_m\end{bmatrix}<0 \tag{4.35}$$

$$\begin{bmatrix}\mu & \boldsymbol{z}_{iq}(\boldsymbol{\rho})\\ * & \boldsymbol{Q}_i(\boldsymbol{\rho})\end{bmatrix}\geqslant 0,\quad q\in\mathbf{Z}_m \tag{4.36}$$

其中, $\boldsymbol{\Omega}_{11}=\mathrm{He}\{\boldsymbol{A}_i(\boldsymbol{\rho})\boldsymbol{Q}_i(\boldsymbol{\rho})+\boldsymbol{B}_i(\boldsymbol{\rho})[\boldsymbol{D}_l\boldsymbol{W}_i(\boldsymbol{\rho})+\boldsymbol{D}_l^-\boldsymbol{Z}_i(\boldsymbol{\rho})]\}-\sum\limits_{k=1}^{s}\{\underline{v}_k,\bar{v}_k\}\dfrac{\partial\boldsymbol{Q}_i(\boldsymbol{\rho})}{\partial\rho_k}$, $l\in\{1,2,\cdots,2^m\}$, $\boldsymbol{\Omega}_{13}=\boldsymbol{Q}_i(\boldsymbol{\rho})\boldsymbol{C}_i^{\mathrm{T}}(\boldsymbol{\rho})$, $\boldsymbol{\Omega}_{14}=\sqrt{\beta_{i1}}\boldsymbol{Q}_i$, $\boldsymbol{z}_{iq}(\boldsymbol{\rho})$ 是矩阵 $\boldsymbol{Z}_i(\boldsymbol{\rho})$ 的第 q 行, $i,j\in\mathbf{Z}_m$ 。那么,在切换规则式(4.29)和设计的控制器的作用下,由扰动到系统输出的 L_2 小于或等于 $\gamma=\max\limits_{i\in\mathbf{Z}_m}\gamma_i$,并且所得控制器的增益矩阵为 $\boldsymbol{u}=\boldsymbol{W}_i(\boldsymbol{\rho})\boldsymbol{Q}_i^{-1}(\boldsymbol{\rho})\boldsymbol{x}$ 。

证明:对式(4.30)左乘 $\mathrm{diag}\{\boldsymbol{P}_i^{-1}(\boldsymbol{\rho}),\boldsymbol{I},\boldsymbol{I}\}$,并且右乘 $\mathrm{diag}\{\boldsymbol{P}_i^{-1}(\boldsymbol{\rho}),\boldsymbol{I},\boldsymbol{I}\}$ 的转置矩阵,得到

$$\begin{bmatrix}\boldsymbol{\Gamma}_{11} & \boldsymbol{E}_i & \boldsymbol{P}_i^{-1}(\boldsymbol{\rho})\boldsymbol{C}_i(\boldsymbol{\rho})\\ * & -\gamma_i^2\boldsymbol{I} & 0\\ * & * & -\boldsymbol{I}\end{bmatrix}<0 \tag{4.37}$$

其中

$$\begin{aligned}\boldsymbol{\Gamma}_{11}=&\mathrm{He}\{\boldsymbol{A}_i(\boldsymbol{\rho})\boldsymbol{P}_i^{-1}(\boldsymbol{\rho})+\boldsymbol{B}_i(\boldsymbol{\rho})[\boldsymbol{D}_l\boldsymbol{F}_i(\boldsymbol{\rho})+\boldsymbol{D}_l^-\boldsymbol{H}_i(\boldsymbol{\rho})]\boldsymbol{P}_i^{-1}(\boldsymbol{\rho})\}+\\&\boldsymbol{P}_i^{-1}(\boldsymbol{\rho})\dot{\boldsymbol{P}}_i(\boldsymbol{\rho})\boldsymbol{P}_i^{-1}(\boldsymbol{\rho})+\sum_{i,j\in\mathbf{Z}_m}\beta_{ij}(\boldsymbol{P}_i^{-1}(\boldsymbol{\rho})-\boldsymbol{P}_i^{-1}(\boldsymbol{\rho})\boldsymbol{P}_j(\boldsymbol{\rho}))\boldsymbol{P}_i^{-1}(\boldsymbol{\rho})\end{aligned}$$

对式子 $\boldsymbol{P}_i(\boldsymbol{\rho})\boldsymbol{P}_i^{-1}(\boldsymbol{\rho})=\boldsymbol{I}$ 两边求导数,有

$$\frac{\partial}{\partial t}(\boldsymbol{P}_i(\boldsymbol{\rho}))\boldsymbol{P}_i^{-1}(\boldsymbol{\rho})+\boldsymbol{P}_i(\boldsymbol{\rho})\frac{\partial}{\partial t}(\boldsymbol{P}_i^{-1}(\boldsymbol{\rho}))=0 \tag{4.38}$$

成立。对式(4.38)两端同乘 $\boldsymbol{P}_i^{-1}(\boldsymbol{\rho})$,得到

$$\boldsymbol{P}_i^{-1}(\boldsymbol{\rho})\frac{\partial}{\partial t}(\boldsymbol{P}_i(\boldsymbol{\rho}))\boldsymbol{P}_i^{-1}(\boldsymbol{\rho})=-\frac{\partial}{\partial t}(\boldsymbol{P}_i^{-1}(\boldsymbol{\rho})) \tag{4.39}$$

令 $\boldsymbol{Q}_i(\boldsymbol{\rho})=\boldsymbol{P}_i^{-1}(\boldsymbol{\rho})$ ，$\boldsymbol{W}_i(\boldsymbol{\rho})=\boldsymbol{F}_i(\boldsymbol{\rho})\boldsymbol{Q}_i(\boldsymbol{\rho})$ ，$\boldsymbol{Z}_i(\boldsymbol{\rho})=\boldsymbol{H}_i(\boldsymbol{\rho})\boldsymbol{Q}_i(\boldsymbol{\rho})$ ，把式(4.39)代入 $\boldsymbol{\Gamma}_{11}$ 的表达式中，得到

$$\boldsymbol{\Gamma}_{11}=\mathrm{He}\{\boldsymbol{A}_i(\boldsymbol{\rho})\boldsymbol{Q}_i(\boldsymbol{\rho})+\boldsymbol{B}_i(\boldsymbol{\rho})[\boldsymbol{D}_l\boldsymbol{F}_i(\boldsymbol{\rho})+\boldsymbol{D}_l^{-}\boldsymbol{H}_i(\boldsymbol{\rho})]\boldsymbol{Q}_i(\boldsymbol{\rho})\}-$$
$$\dot{\boldsymbol{Q}}_i(\boldsymbol{\rho})+\sum_{i,j\in\mathbf{Z}_m}\beta_{ij}(\boldsymbol{Q}_i(\boldsymbol{\rho})-\boldsymbol{Q}_i(\boldsymbol{\rho})\boldsymbol{P}_j(\boldsymbol{\rho}))\boldsymbol{Q}_i(\boldsymbol{\rho})$$

应用定理 4.4 的条件式(4.35)，由 Schur 引理可以保证式(4.37)成立，并且

$$\begin{cases}\boldsymbol{\Omega}_{11}=\mathrm{He}\{[\boldsymbol{A}_i(\boldsymbol{\rho})\boldsymbol{Q}_i(\boldsymbol{\rho})+\boldsymbol{B}_i(\boldsymbol{\rho})(\boldsymbol{D}_l\boldsymbol{W}_i(\boldsymbol{\rho})+\boldsymbol{D}_l^{-}\boldsymbol{Z}_i(\boldsymbol{\rho}))]\}-\sum\limits_{k=1}^{s}\{\underline{v}_k,\bar{v}_k\}\dfrac{\partial\boldsymbol{Q}_i(\boldsymbol{\rho})}{\partial\rho_k}\\ \boldsymbol{\Omega}_{13}=\boldsymbol{Q}_i(\boldsymbol{\rho})\boldsymbol{C}_i^{\mathrm{T}}(\boldsymbol{\rho})\\ \boldsymbol{\Omega}_{14}=\sqrt{\beta_{i1}}\boldsymbol{Q}_i\end{cases}$$

根据文献[107]中的方法，式(4.31)等价于

$$\alpha\boldsymbol{h}_{iq}\boldsymbol{P}_i^{-1}(\boldsymbol{\rho})\boldsymbol{h}_{iq}^{\mathrm{T}}\leqslant 1,\quad i\in\mathbf{Z}_m \tag{4.40}$$

其中，$\boldsymbol{h}_{iq}$ 是矩阵 $\boldsymbol{H}_i(\boldsymbol{\rho})$ 的第 q 行。令 $\mu=1/\alpha$，$\boldsymbol{Q}_i(\boldsymbol{\rho})=\boldsymbol{P}_i^{-1}(\boldsymbol{\rho})$ ，$\boldsymbol{Z}_i(\boldsymbol{\rho})=\boldsymbol{H}_i(\boldsymbol{\rho})\boldsymbol{Q}_i(\boldsymbol{\rho})$ ，那么式(4.24)进一步等价于

$$\begin{bmatrix}\mu & \boldsymbol{z}_{iq}(\boldsymbol{\rho})\\ * & \boldsymbol{Q}_i(\boldsymbol{\rho})\end{bmatrix}\geqslant 0 \tag{4.41}$$

其中，$\boldsymbol{z}_{iq}(\boldsymbol{\rho})$ 是矩阵 $\boldsymbol{Z}_i(\boldsymbol{\rho})$ 的第 q 行。应用定理 4.4 的条件式(4.36)就能保证式(4.41)成立。证毕。

4.4 仿真例子

本书将用一个涡扇发动机模型来验证前面所提出的设计方法的有效性。

所用航空发动机模型是 GE－90K 级涡扇发动机模型。仿真所用的数据来自于专著[106]。应用第 2 章所介绍建立发动机模型的方法，在扰动容许部分，划分调度参数的两个子区域分别为 $\mathscr{P}_1=[0.25,0.65]$ 和 $\mathscr{P}_2=[0.55,0.9]$ 。并且 $\mathscr{P}_1\cup\mathscr{P}_2=\mathscr{P}$。$W_{\mathrm{F}}$ 是燃油流量，并且 $\Delta N_{\mathrm{f}}=N_{\mathrm{f}}-N_{\mathrm{fe}}$ ，$\Delta N_{\mathrm{c}}=N_{\mathrm{c}}-N_{\mathrm{ce}}$ ，$\Delta W_{\mathrm{F}}=W_{\mathrm{F}}-W_{\mathrm{Fe}}$ ，取 $N_{\mathrm{fe}}=2\,324$ ，$N_{\mathrm{ce}}=8\,719$ 。系统的状态是 $\boldsymbol{x}=[\Delta N_{\mathrm{f}}\quad \Delta N_{\mathrm{c}}]^{\mathrm{T}}$ ，控制输入 $\boldsymbol{u}=\Delta W_{\mathrm{F}}$ 。得到下面的按参数分段建立的切换 LPV 模型：

$$\dot{\boldsymbol{x}}=\boldsymbol{A}_i(\boldsymbol{\rho})\boldsymbol{x}+\boldsymbol{B}_i(\boldsymbol{\rho})\mathrm{sat}(\boldsymbol{u})+\boldsymbol{E}_i\boldsymbol{\omega}$$

系统矩阵为

$$\begin{cases}\boldsymbol{A}_1=\begin{bmatrix}-3.379 & 1.384\\ 0.729 & -4.341\end{bmatrix}+\boldsymbol{\rho}\begin{bmatrix}-1.383 & 0.101\\ -1.239 & -0.489\end{bmatrix}\\ \boldsymbol{B}_1=\begin{bmatrix}235.922\\ 666.235\end{bmatrix}+\boldsymbol{\rho}\begin{bmatrix}8.7\\ 125.6\end{bmatrix}\\ \boldsymbol{A}_2=\begin{bmatrix}-3.518 & 1.351\\ 0.335 & -3.713\end{bmatrix}+\boldsymbol{\rho}\begin{bmatrix}-1.320 & 0.459\\ 1.743 & -2.517\end{bmatrix}\\ \boldsymbol{B}_2=\begin{bmatrix}259.409\\ 588.737\end{bmatrix}+\boldsymbol{\rho}\begin{bmatrix}-23.8\\ 186.2\end{bmatrix}\end{cases}$$

时变的马赫数轨迹如图 4.2 所示。选择扰动输入为 $\boldsymbol{\omega}(t)=[\mathrm{e}^{-t}\quad \mathrm{e}^{-t}]^{\mathrm{T}}$ 。对参数子集实施网

格法[113]，每个子集分成相同的三段。然后求解相应的 LMIs，得到下面子系统的类 Lyapunov 函数矩阵为

$$\begin{cases}\boldsymbol{X}_1(\boldsymbol{\rho})=\begin{bmatrix}0.0745 & -0.0284\\ -0.0284 & 0.0329\end{bmatrix}+\boldsymbol{\rho}\begin{bmatrix}-0.0103 & 0.0042\\ 0.0042 & -0.0037\end{bmatrix}\\ \boldsymbol{X}_2(\boldsymbol{\rho})=\begin{bmatrix}0.1043 & -0.0407\\ -0.0407 & 0.0439\end{bmatrix}+\boldsymbol{\rho}\begin{bmatrix}-0.0640 & 0.0260\\ 0.0260 & -0.0230\end{bmatrix}\end{cases}$$

和下面的控制器增益矩阵为

$$\begin{cases}\boldsymbol{K}_1(\boldsymbol{\rho})=[-0.0033\quad 0.0048]+0.001\boldsymbol{\rho}[0.4985\quad -0.5264]\\ \boldsymbol{K}_2(\boldsymbol{\rho})=[-0.0047\quad 0.0070]+\boldsymbol{\rho}[0.0031\quad -0.0036]\end{cases}$$

按参数切换的切换信号如图 4.3 所示。对于给定的扰动抵制水平 $\eta=1$，当 α 增加时，椭圆的长轴与短轴的比例增加。当取 $\alpha=100$ 时，椭圆很细长。如果当 $\alpha\geqslant 3\,000$ 时，椭圆几乎变成一条线。系统状态的轨迹和椭圆如图 4.4 所示。系统的控制输入信号如图 4.5 所示。

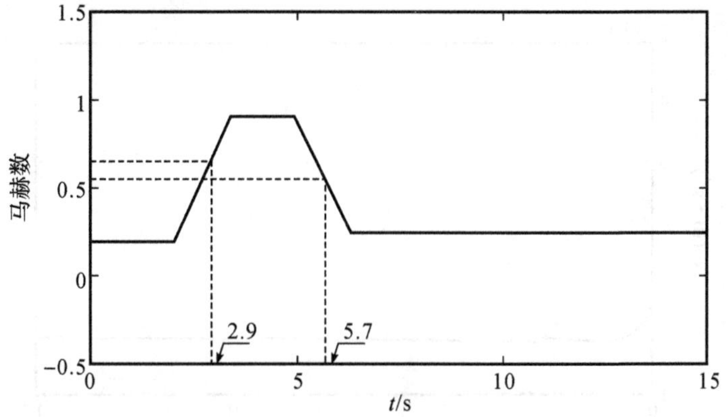

图 4.2　调度参数马赫数

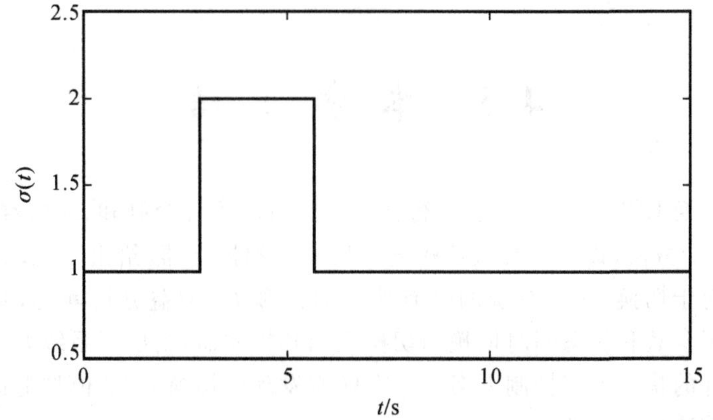

图 4.3　切换信号

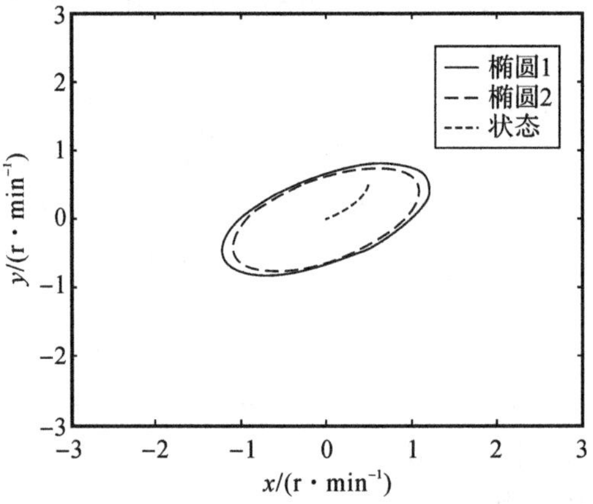

图 4.4 系统状态的轨迹和椭圆

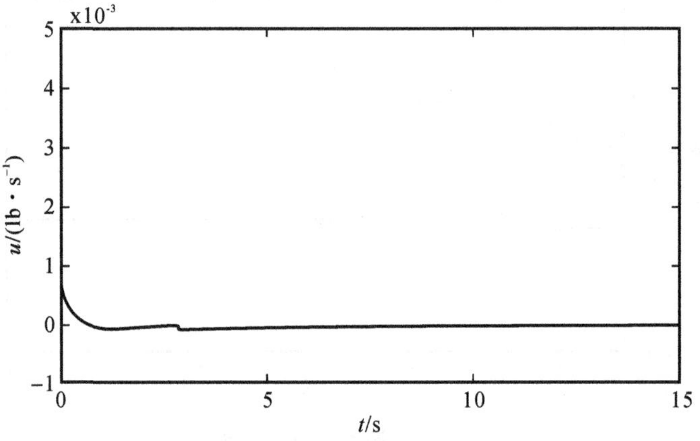

图 4.5 系统的控制输入信号

4.5 本章小结

本章研究了切换 LPV 系统的带有执行器饱和的扰动容许控制和 L_2 增益分析问题。基于多 Lyapunov 函数的方法，设计了参数依赖的切换方法和控制器，给出了扰动容许控制问题可解的充分条件。对于切换 LPV 系统的带有执行器饱和 L_2 增益分析问题，基于多 Lyapunov 函数的方法设计了参数和状态同时依赖的切换规则和控制器，给出了系统 L_2 增益问题可解的充分条件。所设计的扰动容许控制方案在一个航空发动机切换 LPV 模型上进行验证，仿真结果表明了所设计方法的有效性。

第 5 章　切换 LPV 系统基于 H_∞ 滤波器的控制设计

本章研究切换 LPV 系统的 H_∞ 滤波问题。应用多 Lyapunov 函数法，设计依赖于调度参数和滤波器状态的切换规则以及依赖于滤波器状态的反馈控制器，给出切换 LPV 系统 H_∞ 滤波问题可解的充分条件。首先通过应用一个迭代算法对问题进行求解，以求出所设计的滤波器矩阵和控制器增益矩阵，然后应用投影引理把定理条件化成可解线性矩阵不等式，最后把所设计的控制方案用于一个航空发动机切换 LPV 模型中进行验证。

5.1 引　　言

前面章节按照参数依赖的切换规则来研究切换 LPV 系统的 H_∞ 跟踪问题以及带有执行器饱和的控制问题。由于系统的调度参数是外部参数，所以单纯依靠调度参数不能充分反映系统内部动态的特性[46]。如在文献[12]中设计只依赖调度参数的切换规则时，要求子系统必须是赫尔维茨的。在设计系统状态依赖的切换规则时，系统的状态必须是可测的。但是在许多实际系统中，由于受测量成本、测量设备精度等因素的影响很难获得系统的状态。此时如文献[114 - 115]利用系统状态进行反馈的控制方法以及依赖系统状态的切换规则设计几乎是无法实现的。

近年来，滤波问题在理论研究和实际应用方面都有很大的发展。当系统外部噪声的统计信息不能充分得到时，应用 H_∞ 滤波方法在抑制由系统扰动到估计误差的 L_2 增益方面具有良好的效果[116]。对切换系统的 H_∞ 滤波问题的研究已有许多研究成果[117-119]。针对切换 LPV 滤波问题的研究也已有一些成果，如文献[118]基于平均驻留时间的切换方法研究了切换 LPV 系统的 H_∞ 滤波问题，但是，研究者一方面没有考虑系统参数对切换规则的影响，另一方面还要求子系统必须满足赫尔维茨条件。对于切换 LPV 系统有必要考虑调度参数和系统的状态对系统切换行为的影响作用。

本章以航空发机为背景研究切换 LPV 系统的 H_∞ 滤波问题。在切换规则设计方面，考虑设计既依赖于系统的调度参数又依赖于系统状态的切换规则。由于系统状态不可测，所以采用依赖于滤波器状态的切换规则。该切换规则既能体现调度参数的影响，又能体现系统状态对切换的作用。同时，设计依赖于滤波器状态的控制器来镇定系统。即使子系统的 H_∞ 滤波问题不可解，通过设计切换规则和控制器使得切换 LPV 系统的 H_∞ 滤波仍然可解。最后通过发动机切换 LPV 模型来验证所设计方案的有效性。

5.2 问题描述及预备知识

5.2.1 系统模型

考虑如下形式的切换 LPV 系统：

$$\left.\begin{aligned}\dot{\boldsymbol{x}}(t) &= \boldsymbol{A}_\sigma(\boldsymbol{\rho})\boldsymbol{x}(t) + \boldsymbol{B}_{1,\sigma}(\boldsymbol{\rho})\boldsymbol{\omega}(t) + \boldsymbol{B}_{2,\sigma}(\boldsymbol{\rho})\boldsymbol{u}(t)\\ \boldsymbol{y}(t) &= \boldsymbol{C}_\sigma(\boldsymbol{\rho})\boldsymbol{x}(t) + \boldsymbol{D}_\sigma(\boldsymbol{\rho})\boldsymbol{\omega}(t)\\ \boldsymbol{z}(t) &= \boldsymbol{L}_{1,\sigma}(\boldsymbol{\rho})\boldsymbol{x}(t) + \boldsymbol{L}_{2,\sigma}(\boldsymbol{\rho})\boldsymbol{u}(t)\end{aligned}\right\} \tag{5.1}$$

式中：$\boldsymbol{x}\in\mathbf{R}^{n_x}$，$\boldsymbol{u}\in\mathbf{R}^{n_u}$，$\boldsymbol{y}\in\mathbf{R}^{n_y}$，$\boldsymbol{z}(t)\in\mathbf{R}^{n_z}$ 分别是系统的状态、控制输入、系统的测量输出和系统的控制输出。$\boldsymbol{\omega}(t)\in\mathbf{R}^{n_\omega}$ 是未知的扰动输入，并且属于 $L_2^{n_\omega}[0,\infty)$。函数 $\sigma(t)$：$[0,+\infty)\to\mathbf{Z}_m=\{1,2,\cdots,m\}$ 是切换信号，它是一个可能依赖于系统状态或时间的分段函数。可以把切换信号 $\sigma(t)$ 对应的切换序列表示为

$$\Sigma = \{x_0,\rho_0:(i_0,t_0),(i_1,t_1),\cdots,(i_n,t_n),\cdots \mid i_n\in\mathbf{Z}_m, n\in\mathbf{N}\} \tag{5.2}$$

当 $t\in[t_n,t_{n+1})$ 时，表明第 i_n 个子系统被激活。其中，t_0、x_0 和 ρ_0 分别表示初始时刻、初始状态和初始参数。$\mathbf{N}$ 表示非负整数集。假设系统的子系统和控制器是同步切换的。所有状态矩阵的元素都是 $\boldsymbol{\rho}$ 的连续函数并且矩阵 $\boldsymbol{A}_i(\boldsymbol{\rho})$、$\boldsymbol{B}_{1,i}(\boldsymbol{\rho})$、$\boldsymbol{B}_{2,i}(\boldsymbol{\rho})$、$\boldsymbol{C}_i(\boldsymbol{\rho})$、$\boldsymbol{D}_i(\rho)$、$\boldsymbol{L}_{1,i}(\boldsymbol{\rho})$、$\boldsymbol{L}_{2,i}(\boldsymbol{\rho})$ 都具有相匹配的维数。$\boldsymbol{\rho}$ 是不依赖于状态并且在线可测的外部变量。假设 s 维的调度参数 $\boldsymbol{\rho}$ 在第 3 章所描述的有界集 $\mathscr{P}\in\mathbf{R}^s$ 中，$\dot{\rho}_k$ 也都在第 3 章所描述的有界集 $[\underline{v}_k,\overline{v}_k]$ 内，其中，$k=1,2,\cdots,s$。

参数依赖的滤波器和控制器形式如下：

$$\left.\begin{aligned}\dot{\hat{\boldsymbol{x}}}(t) &= \boldsymbol{A}_{f,i}(\boldsymbol{\rho})\hat{\boldsymbol{x}}(t) + \boldsymbol{B}_{f,i}(\boldsymbol{\rho})\boldsymbol{y}(t)\\ \hat{\boldsymbol{z}}(t) &= \boldsymbol{C}_{f,i}(\boldsymbol{\rho})\hat{\boldsymbol{x}}(t) + \boldsymbol{D}_{f,i}(\boldsymbol{\rho})\boldsymbol{y}(t)\end{aligned}\right\} \tag{5.3}$$

$$\boldsymbol{u}(t) = \boldsymbol{K}_i(\boldsymbol{\rho})\hat{\boldsymbol{x}}(t) \tag{5.4}$$

式中：$\hat{\boldsymbol{x}}(t)\in\mathbf{R}^{n_x}$ 是设计的滤波器的状态，$\hat{\boldsymbol{z}}(t)\in\mathbf{R}^{n_z}$ 是滤波器的输出。参数依赖的矩阵 $\boldsymbol{A}_{f,i}(\boldsymbol{\rho})$、$\boldsymbol{B}_{f,i}(\boldsymbol{\rho})$、$\boldsymbol{C}_{f,i}(\boldsymbol{\rho})$、$\boldsymbol{D}_{f,i}(\boldsymbol{\rho})$ 和 $\boldsymbol{K}_i(\boldsymbol{\rho})$ 分别是待设计的滤波器矩阵和控制器增益矩阵，并且假设各个滤波器之间的切换和子系统间的切换是同步的。子系统间的切换次数同样满足假设 4.2。

把式(5.3)和式(5.4)与切换系统式(5.1)联立，得到切换系统增广的闭环系统为

$$\left.\begin{aligned}\dot{\tilde{\boldsymbol{x}}}(t) &= \tilde{\boldsymbol{A}}_\sigma(\boldsymbol{\rho})\tilde{\boldsymbol{x}}(t) + \tilde{\boldsymbol{B}}_\sigma(\boldsymbol{\rho})\boldsymbol{\omega}(t)\\ \boldsymbol{e}(t) &= \tilde{\boldsymbol{C}}_\sigma(\boldsymbol{\rho})\tilde{\boldsymbol{x}}(t) + \tilde{\boldsymbol{D}}_\sigma(\boldsymbol{\rho})\boldsymbol{\omega}(t)\end{aligned}\right\} \tag{5.5}$$

式中：$\boldsymbol{e}(t)=\boldsymbol{z}(t)-\hat{\boldsymbol{z}}(t)$，$\tilde{\boldsymbol{x}}(t)=[\boldsymbol{x}^{\mathrm{T}}(t)\quad \hat{\boldsymbol{x}}^{\mathrm{T}}(t)]^{\mathrm{T}}$，并且有下面形式的矩阵：

$$\left.\begin{aligned}\widetilde{\boldsymbol{A}}_i(\boldsymbol{\rho}) &= \begin{bmatrix} \boldsymbol{A}_i(\boldsymbol{\rho}) & \boldsymbol{B}_{2i}(\boldsymbol{\rho})\boldsymbol{K}_i(\boldsymbol{\rho}) \\ \boldsymbol{B}_{fi}(\boldsymbol{\rho})\boldsymbol{C}_i(\boldsymbol{\rho}) & \boldsymbol{A}_{fi}(\boldsymbol{\rho}) \end{bmatrix} \\ \widetilde{\boldsymbol{B}}_i(\boldsymbol{\rho}) &= \begin{bmatrix} \boldsymbol{B}_{1i}(\boldsymbol{\rho}) \\ \boldsymbol{B}_{fi}(\boldsymbol{\rho})\boldsymbol{D}_i(\boldsymbol{\rho}) \end{bmatrix} \\ \widetilde{\boldsymbol{C}}_i(\boldsymbol{\rho}) &= [\boldsymbol{L}_{1i}(\boldsymbol{\rho}) - \boldsymbol{D}_{fi}(\rho)\boldsymbol{C}_i(\boldsymbol{\rho}) \quad \boldsymbol{L}_{2i}(\boldsymbol{\rho})\boldsymbol{K}_i(\boldsymbol{\rho}) - \boldsymbol{C}_{fi}(\boldsymbol{\rho})] \\ \widetilde{\boldsymbol{D}}_i(\boldsymbol{\rho}) &= -\boldsymbol{D}_{fi}(\boldsymbol{\rho})\boldsymbol{D}_i(\boldsymbol{\rho}) \end{aligned}\right\} \tag{5.6}$$

5.2.2　预备知识和问题描述

本章的控制目标是求解 H_∞ 滤波问题。设计滤波器、控制器和切换规则使得系统式(5.5)在外部扰动为 0 时是渐近稳定的，在有外部扰动时满足 H_∞ 性能指标。这里所设计的控制器增益和切换规则同时依赖于调度参数和滤波器的状态。

在本章中将用到下面的假设、定义。

假设 5.1[12] 矩阵$[\boldsymbol{A}_i(\boldsymbol{\rho}) \quad \boldsymbol{C}_i(\boldsymbol{\rho})]$是可检测的，并且其调度参数 $\boldsymbol{\rho}$ 可在线获得，$i \in \mathbf{Z}_m$。

定义 5.1　对于切换 LPV 系统式(5.1)，如果存在控制器式(5.4)和切换规则 $\sigma(t)$并且满足下面的条件：

(1)当 $\boldsymbol{\omega}(t)=0$ 时，在控制器式(5.4)和切换规则 $\sigma(t)$作用下，闭环系统式(5.5)是渐近稳定的。

(2)当 $\boldsymbol{\omega}(t) \neq 0$ 时，在零初始条件下，对所有的 $\boldsymbol{\omega}(t) \in L_{2\omega}^{n}[0,+\infty)$，误差 $\boldsymbol{e}(t)$和扰动输入信号 $\boldsymbol{\omega}(t)$之间满足

$$\int_0^{+\infty} \boldsymbol{e}^{\mathrm{T}}(t)\boldsymbol{e}(t)\mathrm{d}t < \gamma^2 \int_0^{+\infty} \boldsymbol{\omega}^{\mathrm{T}}(t)\boldsymbol{\omega}(t)\mathrm{d}t \tag{5.7}$$

注 5.1　如果当 $\boldsymbol{\omega}(t)=0$ 时，系统式(5.5)是渐近稳定的，那么有 $\lim\limits_{t\to+\infty}\boldsymbol{e}(t)=0$，即可知道滤波器的输出可逼近系统的控制输入信号。因此，如果切换 LPV 系统式(5.1)满足定义 5.1 的两个条件，则该系统的 H_∞ 滤波问题是可解的。

注 5.2　因为本章中所设计的滤波器的矩阵依赖于在线获得的参数，所以称该滤波器为参数依赖的滤滤器。这种滤波器利用了参数的在线测量值，相比于常值滤波器更能反映系统运行工况的变化。

5.3　主要成果

5.3.1　H_∞ 滤波器与控制器的设计

下面设计调度参数和系统状态依赖的切换规则 $\sigma(\tilde{\boldsymbol{x}}(t),\boldsymbol{\rho}(t))$。

假设存在连续的函数 $\boldsymbol{V}_i(\tilde{\boldsymbol{x}},\boldsymbol{\rho})(i \in \mathbf{Z}_m)$。令

$$\Omega_i = \{(\tilde{\boldsymbol{x}},\boldsymbol{\rho}) \mid \boldsymbol{V}_i(\tilde{\boldsymbol{x}},\boldsymbol{\rho}) - \boldsymbol{V}_j(\tilde{\boldsymbol{x}},\boldsymbol{\rho}) \leqslant 0, j \in \mathbf{Z}_m\} \tag{5.8}$$

$$\tilde{\Omega}_{ij} = \{(\tilde{\boldsymbol{x}},\boldsymbol{\rho}) \mid \boldsymbol{V}_i(\tilde{\boldsymbol{x}},\boldsymbol{\rho}) - \boldsymbol{V}_j(\tilde{\boldsymbol{x}},\boldsymbol{\rho}) = 0, i \neq j\} \tag{5.9}$$

容易验证，集合 $\tilde{\Omega}_i = \bigcup_{j\in \mathbf{Z}_m, j\neq i}^{m} \tilde{\Omega}_{ij}$ 包含 Ω_i 的边界。它表明 $\bigcup_{i=1}^{m}\Omega_i = \mathbf{R}^{(n_x+n_{\tilde{x}})}\times \mathbf{R}^s$。设计如下形式的切换规则：

$$\sigma(\tilde{\boldsymbol{x}},\boldsymbol{\rho}) = \arg\min_{i\in \mathbf{Z}_m}\{\boldsymbol{V}_i(\tilde{\boldsymbol{x}},\boldsymbol{\rho})\} \tag{5.10}$$

注 5.3 切换系统式(5.1)同时依赖于系统状态和外部参数，因此需要设计状态和参数依赖的切换规则。如果集合 $\Omega_i(i\in \mathbf{Z}_m)$ 只依赖于参数而不依赖于系统状态，那么该切换规则就变成了文献[12]中的只依赖于参数的切换规则。如果 $\Omega_i(i\in \mathbf{Z}_m)$ 只包含系统状态而不包含参数，切换规则式(5.10)就变成了如文献[8]中的一般的状态依赖的切换规则。

下面将通过设计滤波器矩阵和控制器增益矩阵式(5.4)来解决 H_∞ 滤波问题。

定理 5.1 对切换系统式(5.5)和任意的参数 $\boldsymbol{\rho}\in \boldsymbol{P}$，如果存在正定矩阵函数 $\boldsymbol{P}_{11}(\boldsymbol{\rho})\in \mathbf{R}^{n_x}$、$\boldsymbol{P}_{22}^i(\boldsymbol{\rho})\in \mathbf{R}^{n_x}$ 和矩阵 $\boldsymbol{P}_{12}(\boldsymbol{\rho})\in \mathbf{R}^{n_x\times n_x}$、连续函数 $\beta_{ij}(\boldsymbol{\rho})\leqslant 0$，带有相匹配维数的滤波器矩阵 $\boldsymbol{A}_{fi}(\boldsymbol{\rho})$、$\boldsymbol{B}_{fi}(\boldsymbol{\rho})$、$\boldsymbol{C}_{fi}(\boldsymbol{\rho})$、$\boldsymbol{D}_{fi}(\boldsymbol{\rho})$ 和控制器增益矩阵 $\boldsymbol{K}_i(\boldsymbol{\rho})$，使得下面的矩阵不等式

$$\begin{bmatrix} \boldsymbol{\Psi}_{11} & \boldsymbol{\Psi}_{12} & \boldsymbol{\Psi}_{13} & * \\ * & \boldsymbol{\Psi}_{22} & \boldsymbol{\Psi}_{23} & * \\ * & * & -\gamma_i \boldsymbol{I} & -\boldsymbol{D}_i^{\mathrm{T}}(\boldsymbol{\rho})\boldsymbol{D}_{fi}^{\mathrm{T}}(\boldsymbol{\rho}) \\ \boldsymbol{\Psi}_{41} & \boldsymbol{\Psi}_{42} & * & -\gamma_i \boldsymbol{I} \end{bmatrix} < 0 \tag{5.11}$$

成立。其中

$$\begin{cases} \boldsymbol{\Psi}_{11} = \mathrm{He}\{\boldsymbol{P}_{11}(\boldsymbol{\rho})\boldsymbol{A}_i(\boldsymbol{\rho}) + \boldsymbol{P}_{12}(\boldsymbol{\rho})\boldsymbol{B}_{fi}(\boldsymbol{\rho})\boldsymbol{C}_i(\boldsymbol{\rho})\} + \dot{\boldsymbol{\rho}}\dfrac{\partial \boldsymbol{P}_{11}(\boldsymbol{\rho})}{\partial \boldsymbol{\rho}} \\ \boldsymbol{\Psi}_{12} = \boldsymbol{P}_{11}(\boldsymbol{\rho})\boldsymbol{B}_{2i}(\boldsymbol{\rho})\boldsymbol{K}_i(\boldsymbol{\rho}) + \boldsymbol{P}_{12}(\boldsymbol{\rho})\boldsymbol{A}_{fi}(\boldsymbol{\rho}) + \{\boldsymbol{P}_{12}^{\mathrm{T}}(\boldsymbol{\rho})\boldsymbol{A}_i(\boldsymbol{\rho}) + \boldsymbol{P}_{22}^i(\boldsymbol{\rho})\boldsymbol{B}_{fi}(\boldsymbol{\rho})\boldsymbol{C}_i(\boldsymbol{\rho})\}^{\mathrm{T}} + \\ \qquad \dot{\boldsymbol{\rho}}\dfrac{\partial \boldsymbol{P}_{12}(\boldsymbol{\rho})}{\partial \boldsymbol{\rho}} \\ \boldsymbol{\Psi}_{13} = \boldsymbol{P}_1(\boldsymbol{\rho})\boldsymbol{B}_{1i}(\boldsymbol{\rho}) + \boldsymbol{P}_{12}(\boldsymbol{\rho})\boldsymbol{B}_{fi}(\boldsymbol{\rho}) \\ \boldsymbol{\Psi}_{22} = \mathrm{He}\{\boldsymbol{P}_{12}^{\mathrm{T}}(\boldsymbol{\rho})\boldsymbol{B}_{2i}(\boldsymbol{\rho})\boldsymbol{K}_i(\boldsymbol{\rho}) + \boldsymbol{P}_{22}^i(\boldsymbol{\rho})\boldsymbol{A}_{fi}(\boldsymbol{\rho})\} + \dot{\boldsymbol{\rho}}\dfrac{\partial \boldsymbol{P}_{22}^i(\boldsymbol{\rho})}{\partial \boldsymbol{\rho}} + \\ \qquad \sum_{j=1}^{m}\beta_{ij}(\boldsymbol{\rho})(\boldsymbol{P}_{22}^i(\boldsymbol{\rho}) - \boldsymbol{P}_{22}^j(\boldsymbol{\rho})) \\ \boldsymbol{\Psi}_{23} = \boldsymbol{P}_{12}^{\mathrm{T}}(\boldsymbol{\rho})\boldsymbol{B}_{1i}(\boldsymbol{\rho}) + \boldsymbol{P}_{22}^i(\boldsymbol{\rho})\boldsymbol{B}_{fi}(\boldsymbol{\rho})\boldsymbol{D}_i(\boldsymbol{\rho}) \\ \boldsymbol{\Psi}_{41} = \boldsymbol{L}_{1i}(\boldsymbol{\rho}) - \boldsymbol{D}_{fi}(\boldsymbol{\rho})\boldsymbol{C}_i(\boldsymbol{\rho}) \\ \boldsymbol{\Psi}_{42} = \boldsymbol{L}_{2i}(\boldsymbol{\rho})\boldsymbol{K}_i(\boldsymbol{\rho}) - \boldsymbol{C}_{fi}(\boldsymbol{\rho}) \end{cases}$$

那么，在所设计的切换规则式(5.10)和控制器式(5.4)的作用下，闭环切换系统式(5.5)在 $\boldsymbol{\omega}\equiv 0$ 时是渐近稳定的，在 $\boldsymbol{\omega}\neq 0$ 时满足 H_∞ 性能不等式式(5.7)。其中 $\gamma = \max_{i\in \mathbf{Z}_m}\gamma_i$，并且 $i,j\in \mathbf{Z}_m$。

证明：考虑闭环系统式(5.5)。选择闭环系统式(5.5)子系统的类 Lyapunov 函数 $\boldsymbol{V}_i(t) = \tilde{\boldsymbol{x}}^{\mathrm{T}}(t)\boldsymbol{P}_i(\boldsymbol{\rho})\tilde{\boldsymbol{x}}(t)$，其中

$$\boldsymbol{P}_i(\boldsymbol{\rho}) = \begin{bmatrix} \boldsymbol{P}_{11}(\boldsymbol{\rho}) & \boldsymbol{P}_{12}(\boldsymbol{\rho}) \\ \boldsymbol{P}_{12}^{\mathrm{T}}(\boldsymbol{\rho}) & \boldsymbol{P}_{22}^i(\boldsymbol{\rho}) \end{bmatrix}$$

沿闭环系统式(5.5)的轨线求子系统类 Lyapunov 函数的导数得到

$$\dot{\boldsymbol{V}}_i(\tilde{\boldsymbol{x}}(t),\boldsymbol{\rho})=\dot{\tilde{\boldsymbol{x}}}^{\mathrm{T}}(t)\boldsymbol{P}_i(\boldsymbol{\rho})\tilde{\boldsymbol{x}}(t)+\tilde{\boldsymbol{x}}^{\mathrm{T}}(t)\boldsymbol{P}_i(\boldsymbol{\rho})\dot{\tilde{\boldsymbol{x}}}(t)+\tilde{\boldsymbol{x}}^{\mathrm{T}}(t)\dot{\boldsymbol{\rho}}\frac{\partial \boldsymbol{P}_i(\boldsymbol{\rho})}{\partial \boldsymbol{\rho}}\tilde{\boldsymbol{x}}(t)=$$

$$\tilde{\boldsymbol{x}}^{\mathrm{T}}(t)[\boldsymbol{P}_i(\boldsymbol{\rho})\tilde{\boldsymbol{A}}_i(t)+\tilde{\boldsymbol{A}}_i^{\mathrm{T}}(t)\boldsymbol{P}_i(\boldsymbol{\rho})+\dot{\rho}\frac{\partial \boldsymbol{P}_i(\boldsymbol{\rho})}{\partial \boldsymbol{\rho}}]\tilde{\boldsymbol{x}}(t)$$

因为 $\beta_{ij}(\boldsymbol{\rho})\leqslant 0$，由式(5.10)可得 $\tilde{\boldsymbol{x}}^{\mathrm{T}}(t)\sum_{j=1}^{m}\beta_{ij}(\boldsymbol{\rho})(\boldsymbol{P}_i(\boldsymbol{\rho})-\boldsymbol{P}_j(\boldsymbol{\rho}))\tilde{\boldsymbol{x}}(t)\geqslant 0$，所以有

$$\dot{\boldsymbol{V}}_i(\tilde{\boldsymbol{x}}(t),\boldsymbol{\rho})\leqslant \tilde{\boldsymbol{x}}^{\mathrm{T}}(t)[\boldsymbol{P}_i(\boldsymbol{\rho})\tilde{\boldsymbol{A}}_i(t)+\tilde{\boldsymbol{A}}_i^{\mathrm{T}}(t)\boldsymbol{P}_i(\boldsymbol{\rho})+\dot{\boldsymbol{\rho}}\frac{\partial \boldsymbol{P}_i(\boldsymbol{\rho})}{\partial \boldsymbol{\rho}}]\tilde{\boldsymbol{x}}(t)+$$

$$\tilde{\boldsymbol{x}}^{\mathrm{T}}(t)\sum_{j=1}^{m}\beta_{ij}(\boldsymbol{\rho})(\boldsymbol{P}_i(\boldsymbol{\rho})-\boldsymbol{P}_j(\boldsymbol{\rho}))\tilde{\boldsymbol{x}}(t)$$

因此

$$\dot{\boldsymbol{V}}_i(\tilde{\boldsymbol{x}},\boldsymbol{\rho})+\frac{1}{\gamma_i}\boldsymbol{e}^{\mathrm{T}}\boldsymbol{e}-\gamma_i\boldsymbol{\omega}^{\mathrm{T}}\boldsymbol{\omega}\leqslant \tilde{\boldsymbol{x}}^{\mathrm{T}}(t)[\boldsymbol{P}_i(\boldsymbol{\rho})\tilde{\boldsymbol{A}}_i(t)+\tilde{\boldsymbol{A}}_i^{\mathrm{T}}(t)\boldsymbol{P}_i(\boldsymbol{\rho})+\dot{\boldsymbol{\rho}}\frac{\partial \boldsymbol{P}_i(\boldsymbol{\rho})}{\partial \boldsymbol{\rho}}]\tilde{\boldsymbol{x}}(t)+$$

$$\tilde{\boldsymbol{x}}^{\mathrm{T}}(t)\sum_{j=1}^{m}\beta_{ij}(\boldsymbol{\rho})(\boldsymbol{P}_i(\boldsymbol{\rho})-\boldsymbol{P}_j(\boldsymbol{\rho}))\tilde{\boldsymbol{x}}(t)+\frac{1}{\gamma_i}(\tilde{C}_i\tilde{\boldsymbol{x}}+\tilde{\boldsymbol{D}}_i\boldsymbol{\omega})T(\tilde{C}_i\tilde{\boldsymbol{x}}+\tilde{\boldsymbol{D}}_i\boldsymbol{\omega})-$$

$$\gamma_i\boldsymbol{\omega}^{\mathrm{T}}\boldsymbol{\omega}$$

如果下面的不等式

$$\begin{bmatrix}\boldsymbol{\Lambda}_{ij} & \boldsymbol{P}_i(\boldsymbol{\rho})\tilde{\boldsymbol{B}}_i(\boldsymbol{\rho})\\ * & -\gamma_i\boldsymbol{I}\end{bmatrix}+\frac{1}{\gamma_i}\begin{bmatrix}\tilde{\boldsymbol{C}}_i^{\mathrm{T}}(\boldsymbol{\rho})\\ \tilde{\boldsymbol{D}}_i^{\mathrm{T}}(\boldsymbol{\rho})\end{bmatrix}\begin{bmatrix}\tilde{\boldsymbol{C}}_i(\boldsymbol{\rho})\tilde{C}_i\tilde{\boldsymbol{D}}_i(\boldsymbol{\rho})\end{bmatrix}<0 \tag{5.12}$$

成立，其中

$$\boldsymbol{\Lambda}_{ij}=\tilde{\boldsymbol{A}}_i^{\mathrm{T}}(\boldsymbol{\rho})\boldsymbol{P}_i(\boldsymbol{\rho})+\boldsymbol{P}_i(\boldsymbol{\rho})\tilde{\boldsymbol{A}}_i(\boldsymbol{\rho})+\dot{\boldsymbol{\rho}}\frac{\partial \boldsymbol{P}_i(\boldsymbol{\rho})}{\partial \boldsymbol{\rho}}+$$

$$\sum_{j=1}^{m}\beta_{ij}(\boldsymbol{\rho})(\boldsymbol{P}_i(\boldsymbol{\rho})-\boldsymbol{P}_j(\boldsymbol{\rho}))$$

则可得到下面的不等式

$$\dot{\boldsymbol{V}}_i(\tilde{\boldsymbol{x}},\boldsymbol{\rho})+\frac{1}{\gamma_i}\boldsymbol{e}^{\mathrm{T}}\boldsymbol{e}-\gamma_i\boldsymbol{\omega}^{\mathrm{T}}\boldsymbol{\omega}\leqslant 0 \tag{5.13}$$

成立。因此，需要证明式(5.12)成立。而应用定理 5.1 中的条件不等式(5.11)就能保证式(5.12)成立，从而能够保证不等式(5.13)成立。

当 $\boldsymbol{\omega}(t)\equiv 0$ 时，由不等式(5.11)可得

$$\begin{bmatrix}\boldsymbol{\Psi}_{11} & \boldsymbol{\Psi}_{12}\\ \boldsymbol{\Psi}_{12}^{\mathrm{T}} & \boldsymbol{\Psi}_{22}\end{bmatrix}<0$$

即有下面的不等式成立：

$$\begin{bmatrix}\mathrm{He}\{\boldsymbol{P}_{11}\boldsymbol{A}_i+\boldsymbol{P}_{12}\boldsymbol{B}_{fi}\boldsymbol{C}_i\}+\dot{\boldsymbol{P}}_{11} & \begin{Bmatrix}\boldsymbol{P}_{11}\boldsymbol{B}_{2i}\boldsymbol{K}_i+\boldsymbol{P}_{12}\boldsymbol{A}_{fi}+\dot{\boldsymbol{P}}_{12}\\ +\{\boldsymbol{P}_{12}^{\mathrm{T}}\boldsymbol{A}_i+\boldsymbol{P}_{22}^{i}\boldsymbol{B}_{fi}\boldsymbol{C}_i\}^{\mathrm{T}}\end{Bmatrix}\\ \begin{Bmatrix}\boldsymbol{P}_{12}^{\mathrm{T}}\boldsymbol{A}_i+\boldsymbol{P}_{22}^{i}\boldsymbol{B}_{fi}\boldsymbol{C}_i+\boldsymbol{P}_{12}^{\mathrm{T}}\\ +\{\boldsymbol{P}_{11}\boldsymbol{B}_{2i}\boldsymbol{K}_i+\boldsymbol{P}_{12}\boldsymbol{A}_{fi}\}^{\mathrm{T}}\end{Bmatrix} & \begin{Bmatrix}\mathrm{He}\{\boldsymbol{P}_{12}^{\mathrm{T}}\boldsymbol{B}_{2i}K_i+\boldsymbol{P}_{22}^{i}\boldsymbol{A}_{fi}\}+\dot{\boldsymbol{P}}_{22}\\ +\sum_{j=1}^{m}\beta_{ij}(\boldsymbol{\rho})(\boldsymbol{P}_{22}^{i}-\boldsymbol{P}_{22}^{j})\end{Bmatrix}\end{bmatrix}<0$$

把上面的不等式写成一个更紧凑的形式：

$$\widetilde{\boldsymbol{A}}_i^{\mathrm{T}}(\boldsymbol{\rho})\boldsymbol{P}_i(\boldsymbol{\rho})+\boldsymbol{P}_i(\boldsymbol{\rho})\widetilde{\boldsymbol{A}}_i(\boldsymbol{\rho})+\dot{\boldsymbol{\rho}}\frac{\partial \boldsymbol{P}_i(\boldsymbol{\rho})}{\partial \boldsymbol{\rho}}+\sum_{j=1}^{m}\beta_{ij}(\boldsymbol{\rho})(\boldsymbol{P}_i(\boldsymbol{\rho})-\boldsymbol{P}_j(\boldsymbol{\rho}))<0 \tag{5.14}$$

因为 $\beta_{ij}(\boldsymbol{\rho})\leqslant 0$，由切换规则式(5.10)和式(5.14)可得

$$\widetilde{\boldsymbol{x}}^{\mathrm{T}}[\boldsymbol{P}_i(\boldsymbol{\rho})\widetilde{\boldsymbol{A}}_i(t)+\widetilde{\boldsymbol{A}}_i^{T}(t)\boldsymbol{P}_i(\boldsymbol{\rho})+\dot{\boldsymbol{\rho}}\frac{\partial \boldsymbol{P}_i(\boldsymbol{\rho})}{\partial \boldsymbol{\rho}}]\widetilde{\boldsymbol{x}}<0$$

它表明 $\dot{\boldsymbol{V}}_i(\widetilde{\boldsymbol{x}}(t),\boldsymbol{\rho})<0,(\widetilde{\boldsymbol{x}}(t),\boldsymbol{\rho})\in\Omega_i$，并且当 $(\widetilde{\boldsymbol{x}}(t),\boldsymbol{\rho})\neq(0,0)$ 时，$i\in\mathbf{Z}_m$。

根据切换规则式(5.10)，在每一个切换时刻相邻两个子系统的 $\boldsymbol{V}$ 函数值相等。因此，当 $\boldsymbol{\omega}(t)\equiv 0$ 时，在控制器式(5.4)和切换规则式(5.10)的作用下，切换系统的闭环系统式(5.5)是渐近稳定的。

当 $\boldsymbol{\omega}(t)\neq 0$ 时，由切换规则式(5.10)，在每一切换时刻可得相邻两个子系统的类 Lyapunov 函数值相等。对式(5.13)两端从 $0\sim+\infty$ 积分，得到

$$-\boldsymbol{V}_{i0}(\widetilde{\boldsymbol{x}}(0),\boldsymbol{\rho}(0))+\int_0^{+\infty}\left(\frac{1}{\gamma_{\sigma(s)}}\boldsymbol{e}^{\mathrm{T}}\boldsymbol{e}-\gamma_{\sigma(s)}\boldsymbol{\omega}^{\mathrm{T}}\boldsymbol{\omega}\right)\mathrm{d}s\leqslant 0 \tag{5.15}$$

利用 $\boldsymbol{V}_i(\widetilde{\boldsymbol{x}},\boldsymbol{\rho})\geqslant 0$ 和零初始条件 $\boldsymbol{V}_{i0}(\widetilde{\boldsymbol{x}}(0),\boldsymbol{\rho})=0$ 得到

$$\int_0^{+\infty}\boldsymbol{e}^{\mathrm{T}}(t)\boldsymbol{e}(t)\mathrm{d}t\leqslant\gamma^2\int_0^{+\infty}\boldsymbol{\omega}^{\mathrm{T}}(t)\boldsymbol{\omega}(t)\mathrm{d}t$$

其中，$\gamma=\max\limits_{i\in M}\gamma_i$。

综上所述，在切换规则式(5.10)和控制器式(5.4)的作用下，切换 LPV 系统式(5.1)的 H_∞ 滤波问题可解。证毕。

注 5.4 因为系统的状态 $\boldsymbol{x}(t)$ 是不可测的，所以应设计参数和滤波器状态依赖的切换规则。对子系统的类 Lyapunov 函数 $\boldsymbol{V}_i(\widetilde{\boldsymbol{x}},\boldsymbol{\rho})=\widetilde{\boldsymbol{x}}^{\mathrm{T}}\boldsymbol{P}_i(\boldsymbol{\rho})\widetilde{\boldsymbol{x}},i\in\mathbf{Z}_m$，划分类 Lyapunov 函数矩阵 $\boldsymbol{P}_i(\boldsymbol{\rho})$ 得到

$$\boldsymbol{P}_i(\boldsymbol{\rho})=\begin{bmatrix}\boldsymbol{P}_{11}(\boldsymbol{\rho}) & \boldsymbol{P}_{12}(\boldsymbol{\rho})\\ * & \boldsymbol{P}_{22}^{i}(\boldsymbol{\rho})\end{bmatrix}$$

取矩阵 $\boldsymbol{P}_{11}(\boldsymbol{\rho}),\boldsymbol{P}_{12}(\boldsymbol{\rho})$、$\boldsymbol{P}_{12}^{\mathrm{T}}(\boldsymbol{\rho})$ 对各个子系统是相同的，则所设计的切换规则仅依赖于滤波器的状态 $\hat{\boldsymbol{x}}(t)$ 和参数 $\boldsymbol{\rho}$。

注 5.5 在本章中，即使各个子系统的 H_∞ 滤波问题不可解，然而在设计的切换规则式(5.10)和控制器式(5.4)的作用下，切换系统式(5.1)的 H_∞ 滤波问题仍然可解。与已有文献[116]和[119]中的控制方案相比较，这些文献中要求子系统满足 Hurwitz 条件，而本章的控制方案不要求子系统满足该条件。因此，本章所提的 H_∞ 滤波方案条件更宽松。

5.3.2 迭代算法

矩阵不等式(5.11)关于待求变量是非凸的，因此本章中的 H_∞ 滤波求解问题可化为下面的优化问题：

$$\min_{\boldsymbol{A}_{fi}(\boldsymbol{\rho}),\boldsymbol{B}_{fi}(\boldsymbol{\rho}),\boldsymbol{C}_{fi}(\boldsymbol{\rho}),\boldsymbol{D}_{fi}(\boldsymbol{\rho}),\boldsymbol{K}_i(\boldsymbol{\rho}),\boldsymbol{P}_i(\boldsymbol{\rho})}\gamma,\ \text{s. t.}\quad(5.11) \tag{5.16}$$

可以看出，如果固定变量 $\boldsymbol{P}_i(\boldsymbol{\rho})$ 或者变量 $\boldsymbol{A}_{fi}(\boldsymbol{\rho})$、$\boldsymbol{B}_{fi}(\boldsymbol{\rho})$、$\boldsymbol{C}_{fi}(\boldsymbol{\rho})$、$\boldsymbol{D}_{fi}(\boldsymbol{\rho})$ 和 $\boldsymbol{K}_i(\boldsymbol{\rho})$，不等式(5.16)就可以变成一个关于待求变量的线性矩阵不等式，其中 $i\in\mathbf{Z}_m$。应用文献[120]中的技

术，给出求解上面优化问题的迭代算法。

算法的基本步骤如下：

(1) 初始化。设置子系统类 Lyapunov 函数矩阵变量初始值为 $\boldsymbol{P}_i^0(\boldsymbol{\rho}):=\boldsymbol{P}_i(\boldsymbol{\rho}), i\in \mathbf{Z}_m$，取常数 $\in>0$ 为一个充分小的值，记迭代次数变量值为 $m=0$。

(2) 求 LPV 控制器增益矩阵 $\boldsymbol{K}_i(\boldsymbol{\rho})$ 和滤波器矩阵变量 $\boldsymbol{A}_{fi}(\boldsymbol{\rho})$、$\boldsymbol{B}_{fi}(\boldsymbol{\rho})$、$\boldsymbol{C}_{fi}(\boldsymbol{\rho})$、$\boldsymbol{D}_{fi}(\boldsymbol{\rho})$，并求解下面的优化问题：

$$\min_{\boldsymbol{A}_{fi}(\boldsymbol{\rho}),\boldsymbol{B}_{fi}(\boldsymbol{\rho}),\boldsymbol{C}_{fi}(\boldsymbol{\rho}),\boldsymbol{D}_{fi}(\boldsymbol{\rho}),\boldsymbol{K}_i(\boldsymbol{\rho})} \gamma, \text{s.t.} \quad (5.11) \tag{5.17}$$

令 $\gamma_{\min}^{(m)}=\gamma$，并且令 $\bar{\boldsymbol{A}}_{fi}^{m+1}(\boldsymbol{\rho})=\boldsymbol{A}_{fi}(\boldsymbol{\rho}), \bar{\boldsymbol{B}}_{fi}^{m+1}(\boldsymbol{\rho})=\boldsymbol{B}_{fi}(\boldsymbol{\rho}), \bar{\boldsymbol{C}}_{fi}^{m+1}(\boldsymbol{\rho})=\boldsymbol{C}_{fi}(\boldsymbol{\rho}), \bar{\boldsymbol{D}}_{fi}^{m+1}(\boldsymbol{\rho})=\boldsymbol{D}_{fi}(\boldsymbol{\rho})$ 和 $\bar{\boldsymbol{K}}_i^{m+1}(\boldsymbol{\rho})=\boldsymbol{K}_i(\boldsymbol{\rho})$。

(3) 固定控制器增益矩阵变量 $\boldsymbol{K}_i(\boldsymbol{\rho})$ 和滤波器矩阵变量 $\boldsymbol{A}_{fi}(\boldsymbol{\rho})$、$\boldsymbol{B}_{fi}(\boldsymbol{\rho})$、$\boldsymbol{C}_{fi}(\rho)$、$\boldsymbol{D}_{fi}(\boldsymbol{\rho})$，求解下面的优化问题，进一步求参数依赖的 Lyapunov 函数矩阵 $\boldsymbol{P}_i(\boldsymbol{\rho}), i\in \mathbf{Z}_m$。

$$\min_{\boldsymbol{P}_i(\boldsymbol{\rho})} \quad \gamma, \text{s.t.} \quad (5.11) \tag{5.18}$$

令 $\gamma_{\min}^{m'}=\gamma$ 和 $\bar{\boldsymbol{P}}_i^{(m+1)}(\boldsymbol{\rho})=\boldsymbol{P}_i(\boldsymbol{\rho})$。

(4) 终止迭代过程。如果 $\|\gamma_{\min}^{(m)}-\gamma_{\min}^{(m')}\|<\in$，则终止迭代过程并输出所得的矩阵变量和常数值 γ。否则从第(1)步到第(3)步继续迭代过程直到输出满意的结果为止。或者重新选择一个新的初始值重新开始新的迭代过程。

注 5.6　因为在求解的过程中无法直接处理导数项 $\dot{\rho}_k \dfrac{\partial \boldsymbol{P}_i(\boldsymbol{\rho})}{\partial \rho_k}$，所以在迭代算法过程中，用 $\sum_{k=1}^{s}\{\underline{v}_k,\bar{v}_k\}\dfrac{\partial}{\partial \rho_k}$ 来代替导数项的组合，即取 $\dot{\rho}_k$ 的界 $\underline{v}_k$ 或 $\bar{v}_k$ 代替 $\dot{\rho}_k$。这样以来每个参数依赖的矩阵不等式变成 2^s 个不等式。这样的代替尽管有些保守，但是可以用求解 LMI 的工具箱求解[12]。同时在解参数依赖的 LMI 过程中，无法直接求解，应用网格法进行处理，处理过程参见注 3.3。

注 5.7　尽管本章中的迭代算法计算结果依赖于给定的初始值，但是可用它求解 H_∞ 滤波问题。文献[121]中提出的两步法是先求解一个状态反馈的控制器增益矩阵，然后把它作为滤波器状态依赖的状态反馈矩阵，从而把双线性的不等式化为可解的 LMI。与该近似方法相比，本章的迭代算法不需要这种近似，因此将更为准确。

5.3.3　化 LMI 方法

为了避免上面的迭代算法依赖于给定的初始值这一缺点，接下来应用投影引理将上述定理中的不等式条件化为线性矩阵不等式。

定理 5.2　考虑闭环系统式(5.5)。对于任意的非奇异矩阵 $\boldsymbol{V}$，如果存在正定矩阵 $\bar{\boldsymbol{P}}_{11}(\boldsymbol{\rho})$，$\bar{\boldsymbol{P}}_{22}^i(\boldsymbol{\rho})$，$\bar{\boldsymbol{X}}(\boldsymbol{\rho})$，$\boldsymbol{Y}(\boldsymbol{\rho})$ 和矩阵 $\boldsymbol{D}_{fi}(\boldsymbol{\rho})$，$\boldsymbol{M}_i(\boldsymbol{\rho})$，$\boldsymbol{N}_i(\boldsymbol{\rho})$，$\bar{\boldsymbol{P}}_{12}(\boldsymbol{\rho})$，$\boldsymbol{Q}_i(\boldsymbol{\rho})$，$\boldsymbol{T}_i(\boldsymbol{\rho})$，$\forall i,j\in \mathbf{Z}_m, i\neq j$，使得下面的矩阵不等式成立：

$$\begin{bmatrix} -\mathrm{He}\{\boldsymbol{\Phi}_1\} & \boldsymbol{\gamma}_{12i} & \boldsymbol{\gamma}_{13i} & 0 \\ * & \boldsymbol{\gamma}_{22i} & \boldsymbol{\gamma}_{23i} & \boldsymbol{\gamma}_{24i} \\ * & * & -\boldsymbol{\gamma}^2\boldsymbol{I} & \boldsymbol{\gamma}_{34i} \\ * & * & * & -\boldsymbol{I}\gamma \end{bmatrix} < 0 \tag{5.19}$$

其中

$$\begin{cases} \boldsymbol{\gamma}_{12i} = \bar{\boldsymbol{P}}_i(\boldsymbol{\rho}) - \boldsymbol{\Phi}_1(\boldsymbol{\rho}) + \boldsymbol{\Psi}_{1i}(\boldsymbol{\rho}) \\ \boldsymbol{\gamma}_{13i} = \boldsymbol{\gamma}_{23i} = \boldsymbol{\Psi}_{2i}(\boldsymbol{\rho}) \\ \boldsymbol{\gamma}_{22i} = \mathrm{He}\{\boldsymbol{\Psi}_{1i}(\boldsymbol{\rho})\} + \dot{\bar{\boldsymbol{P}}}_i(\boldsymbol{\rho}) + \sum_{j=1}^{m} \beta_{ij}(\boldsymbol{\rho})(\bar{\boldsymbol{P}}_i(\boldsymbol{\rho}) - \bar{\boldsymbol{P}}_j(\boldsymbol{\rho})) \\ \boldsymbol{\gamma}_{24i} = \begin{bmatrix} \boldsymbol{L}_{1i}^{\mathrm{T}}(\boldsymbol{\rho}) - \boldsymbol{C}_i^{\mathrm{T}}(\boldsymbol{\rho})\boldsymbol{D}_{fi}^{\mathrm{T}}(\boldsymbol{\rho}) \\ \boldsymbol{L}_{1i}^{\mathrm{T}}(\boldsymbol{\rho}) - \boldsymbol{C}_i^{\mathrm{T}}(\boldsymbol{\rho})\boldsymbol{D}_{fi}^{\mathrm{T}}(\boldsymbol{\rho}) + \boldsymbol{Q}_i^{\mathrm{T}}(\boldsymbol{\rho}) \end{bmatrix} \\ \boldsymbol{\gamma}_{34i} = \boldsymbol{D}_i^{\mathrm{T}}(\boldsymbol{\rho})\boldsymbol{D}_i(\boldsymbol{\rho}) \\ \boldsymbol{\Phi}_1(\boldsymbol{\rho}) = \begin{bmatrix} \boldsymbol{Y}(\boldsymbol{\rho}) & \bar{\boldsymbol{X}}(\rho) \\ \bar{\boldsymbol{X}}(\boldsymbol{\rho}) & \bar{\boldsymbol{X}}(\boldsymbol{\rho}) \end{bmatrix} \\ \bar{\boldsymbol{P}}_i(\boldsymbol{\rho}) = \begin{bmatrix} \bar{\boldsymbol{P}}_{11}(\boldsymbol{\rho}) & \bar{\boldsymbol{P}}_{11}(\boldsymbol{\rho}) + \bar{\boldsymbol{P}}_{12}(\boldsymbol{\rho}) \\ * & \bar{\boldsymbol{P}}_{11}(\boldsymbol{\rho}) + \mathrm{He}\{\bar{\boldsymbol{P}}_{12}(\boldsymbol{\rho})\} + \bar{\boldsymbol{P}}_{22}^i(\boldsymbol{\rho}) \end{bmatrix} \\ \boldsymbol{\Psi}_{1i}(\boldsymbol{\rho}) = \begin{bmatrix} \boldsymbol{Y}(\boldsymbol{\rho})\boldsymbol{A}_i(\boldsymbol{\rho}) + \boldsymbol{T}_i(\boldsymbol{\rho})\boldsymbol{C}_i(\boldsymbol{\rho}) & \boldsymbol{Y}(\boldsymbol{\rho})\boldsymbol{A}_i(\boldsymbol{\rho}) + \boldsymbol{T}_i(\boldsymbol{\rho})\boldsymbol{C}_i(\boldsymbol{\rho}) + \boldsymbol{N}_i(\boldsymbol{\rho}) \\ \bar{\boldsymbol{X}}^{\mathrm{T}}(\boldsymbol{\rho})\boldsymbol{A}_i(\boldsymbol{\rho}) & \bar{\boldsymbol{X}}^{\mathrm{T}}(\boldsymbol{\rho})\boldsymbol{A}_i(\boldsymbol{\rho}) + \boldsymbol{M}_i(\boldsymbol{\rho}) \end{bmatrix} \\ \boldsymbol{\Psi}_{2i}(\boldsymbol{\rho}) = \begin{bmatrix} \boldsymbol{Y}^{\mathrm{T}}(\boldsymbol{\rho})\boldsymbol{B}_{1i}(\boldsymbol{\rho}) + \boldsymbol{T}_i(\boldsymbol{\rho})\boldsymbol{D}_i(\rho) \\ \bar{\boldsymbol{X}}^{\mathrm{T}}(\boldsymbol{\rho})\boldsymbol{B}_{1i}(\boldsymbol{\rho}) \end{bmatrix} \end{cases}$$

那么,在切换规则式(5.10)和所设计的控制器式(5.4)的作用下,切换系统式(5.5)的 H_∞ 滤波问题可解。并且由定理 5.2 可以得到设计的滤波器和控制器矩阵为

$$\left.\begin{aligned} \boldsymbol{A}_{fi}(\boldsymbol{\rho}) &= \boldsymbol{V}^{-1}\{\boldsymbol{N}_i(\boldsymbol{\rho}) - \boldsymbol{Y}(\boldsymbol{\rho})\bar{\boldsymbol{X}}^{-1}(\boldsymbol{\rho})\boldsymbol{M}_i(\boldsymbol{\rho})\}\,(\bar{\boldsymbol{X}}^{\mathrm{T}}(\boldsymbol{\rho}) - \boldsymbol{Y}^{\mathrm{T}}(\boldsymbol{\rho}))^{-1}\boldsymbol{V} \\ \boldsymbol{B}_{fi}(\boldsymbol{\rho}) &= \boldsymbol{V}^{-1}\boldsymbol{T}_i(\boldsymbol{\rho}) \\ \boldsymbol{C}_{fi}(\boldsymbol{\rho}) &= \boldsymbol{L}_{2i}(\boldsymbol{\rho})\boldsymbol{K}_i(\boldsymbol{\rho}) - \boldsymbol{Q}_i(\boldsymbol{\rho})\,(\bar{\boldsymbol{X}}^{\mathrm{T}}(\boldsymbol{\rho}) - \boldsymbol{Y}^{\mathrm{T}}(\boldsymbol{\rho}))^{-1}\boldsymbol{V} \\ \boldsymbol{D}_{fi}(\boldsymbol{\rho}) &= \boldsymbol{D}_{fi}(\boldsymbol{\rho}) \end{aligned}\right\} \tag{5.20}$$

$$\boldsymbol{K}_i(\boldsymbol{\rho}) = (\boldsymbol{B}^{\mathrm{T}}(\boldsymbol{\rho})\boldsymbol{B}(\boldsymbol{\rho}))^{-1}\boldsymbol{B}^{\mathrm{T}}(\boldsymbol{\rho})\bar{\boldsymbol{X}}^{-1}(\boldsymbol{\rho})\boldsymbol{M}_i(\boldsymbol{\rho})(\bar{\boldsymbol{X}}(\boldsymbol{\rho}) - \boldsymbol{Y}(\boldsymbol{\rho}))^{-1}\boldsymbol{V} \tag{5.21}$$

证明:选择切换系统闭环系统式(5.5)子系统的参数依赖的类 Lyapunov 函数 $\boldsymbol{V}_i(t) = \tilde{\boldsymbol{x}}^{\mathrm{T}}(t)\boldsymbol{P}_i(\boldsymbol{\rho})\tilde{\boldsymbol{x}}(t)$,其中

$$\boldsymbol{P}_i(\boldsymbol{\rho}) = \begin{bmatrix} \boldsymbol{P}_{11}(\boldsymbol{\rho}) & \boldsymbol{P}_{12}(\boldsymbol{\rho}) \\ \boldsymbol{P}_{12}^{\mathrm{T}}(\boldsymbol{\rho}) & \boldsymbol{P}_{22}^i(\boldsymbol{\rho}) \end{bmatrix}$$

然后沿着闭环系统的状态轨迹对 $\boldsymbol{V}_i(t)$ 求导数。如果下面的不等式

$$\begin{bmatrix} \left\{\begin{aligned} &\tilde{\boldsymbol{A}}_i^{\mathrm{T}}(\boldsymbol{\rho})\boldsymbol{P}_i(\boldsymbol{\rho}) + \boldsymbol{P}_i(\boldsymbol{\rho})\tilde{\boldsymbol{A}}_i(\boldsymbol{\rho}) + \dot{\boldsymbol{\rho}}\frac{\partial \boldsymbol{P}_i(\boldsymbol{\rho})}{\partial \boldsymbol{\rho}} \\ &+ \sum_{j=1}^{m}\beta_{ij}(\boldsymbol{\rho})(\boldsymbol{P}_i(\boldsymbol{\rho}) - \boldsymbol{P}_j(\boldsymbol{\rho})) \end{aligned}\right\} & \boldsymbol{P}_i(\boldsymbol{\rho})\tilde{\boldsymbol{B}}_i(\boldsymbol{\rho}) \\ * & -\gamma_i\boldsymbol{I} \end{bmatrix}$$

$$+\frac{1}{\gamma_i}\begin{bmatrix}\tilde{\boldsymbol{C}}_i^{\mathrm{T}}(\boldsymbol{\rho})\\ \tilde{\boldsymbol{D}}_i^{\mathrm{T}}(\boldsymbol{\rho})\end{bmatrix}[\tilde{\boldsymbol{C}}_i(\boldsymbol{\rho})\quad \tilde{\boldsymbol{D}}_i(\boldsymbol{\rho})]<0 \tag{5.22}$$

成立,就能保证不等式

$$\dot{\boldsymbol{V}}_i(\tilde{\boldsymbol{x}},\boldsymbol{\rho})+\frac{1}{\gamma_i}\boldsymbol{e}^{\mathrm{T}}\boldsymbol{e}-\gamma_i\boldsymbol{\omega}^{\mathrm{T}}\boldsymbol{\omega}\leqslant 0 \tag{5.23}$$

成立。

对不等式(5.22)进行整理得

$$\begin{bmatrix}\left\{\begin{array}{l}\tilde{\boldsymbol{A}}_i^{\mathrm{T}}(\boldsymbol{\rho})\boldsymbol{P}_i(\boldsymbol{\rho})+\boldsymbol{P}_i(\boldsymbol{\rho})\tilde{\boldsymbol{A}}_i(\boldsymbol{\rho})+\dot{\boldsymbol{\rho}}\dfrac{\partial \boldsymbol{P}_i(\boldsymbol{\rho})}{\partial\boldsymbol{\rho}}\\ +\sum\limits_{j=1}^{m}\beta_{ij}(\boldsymbol{\rho})(\boldsymbol{P}_i(\boldsymbol{\rho})-\boldsymbol{P}_j(\boldsymbol{\rho}))\\ +\gamma^{-1}\tilde{\boldsymbol{C}}_i^{\mathrm{T}}(\boldsymbol{\rho})\tilde{\boldsymbol{C}}_i(\boldsymbol{\rho})\end{array}\right\} & \left\{\begin{array}{c}\boldsymbol{P}_i(\boldsymbol{\rho})\tilde{\boldsymbol{B}}_i(\boldsymbol{\rho})\\ +\gamma^{-1}\tilde{\boldsymbol{C}}_i^{\mathrm{T}}(\boldsymbol{\rho})\tilde{\boldsymbol{D}}_i(\boldsymbol{\rho})\end{array}\right\}\\ * & \gamma^{-1}\tilde{\boldsymbol{D}}_i^{\mathrm{T}}(\boldsymbol{\rho})\tilde{\boldsymbol{D}}_i(\boldsymbol{\rho})-\gamma_i\boldsymbol{I}\end{bmatrix}<0 \tag{5.24}$$

进一步式(5.24)可转换为

$$\boldsymbol{J}_{1i}^{\mathrm{T}}(\boldsymbol{\rho})\boldsymbol{H}_i(\boldsymbol{\rho})\boldsymbol{J}_{1i}(\boldsymbol{\rho})<0 \tag{5.25}$$

其中,$\boldsymbol{J}_{1i}(\boldsymbol{\rho})$和 $\boldsymbol{H}_i(\boldsymbol{\rho})$ 为下面的形式:

$$\boldsymbol{J}_{1i}(\boldsymbol{\rho})=\begin{bmatrix}\tilde{\boldsymbol{A}}_i & \tilde{\boldsymbol{B}}_i\\ \boldsymbol{I} & 0\\ 0 & \boldsymbol{I}\end{bmatrix}$$

$$\boldsymbol{H}_i(\boldsymbol{\rho})=\begin{bmatrix}0 & \boldsymbol{P}_i & 0\\ * & \boldsymbol{\Xi}_i+\gamma^{-1}\tilde{\boldsymbol{C}}_i^{\mathrm{T}}\tilde{\boldsymbol{C}}_i & \gamma^{-1}\tilde{\boldsymbol{C}}_i^{\mathrm{T}}\tilde{\boldsymbol{D}}_i\\ * & * & \gamma^{-1}\tilde{\boldsymbol{C}}_i^{\mathrm{T}}\tilde{\boldsymbol{D}}_i-\gamma_i\boldsymbol{I}\end{bmatrix}$$

其中

$$\boldsymbol{\Xi}_i=\dot{\boldsymbol{P}}_i(\boldsymbol{\rho})+\sum_{j=1}^{m}\beta_{ij}(\boldsymbol{\rho})(\boldsymbol{P}_i(\boldsymbol{\rho})-\boldsymbol{P}_j(\boldsymbol{\rho}))$$

根据投影引理 2.4,如果不等式(5.25)成立,只需要对给定的 $\boldsymbol{J}_{1i}^{\perp}(\boldsymbol{\rho})$,$\boldsymbol{J}_2$ 和给定的对称矩阵 $\boldsymbol{\Lambda}(\boldsymbol{\rho})$有下面的不等式

$$\boldsymbol{H}_i(\boldsymbol{\rho})+\boldsymbol{J}_{1i}^{\perp}(\boldsymbol{\rho})\boldsymbol{\Lambda}(\boldsymbol{\rho})\boldsymbol{J}_2+\boldsymbol{J}_2^{\mathrm{T}}\boldsymbol{\Lambda}^{\mathrm{T}}(\boldsymbol{\rho})\boldsymbol{J}_{1i}^{\perp\mathrm{T}}(\boldsymbol{\rho})<0 \tag{5.26}$$

成立。其中,$\boldsymbol{J}_{1i}^{\perp}(\boldsymbol{\rho})$是矩阵 $\boldsymbol{J}_{1i}(\boldsymbol{\rho})$的正交补矩阵。接下来证明不等式(5.26)成立。

取 $\boldsymbol{J}_{1i}^{\perp}(\boldsymbol{\rho})=[-\boldsymbol{I}\quad \tilde{\boldsymbol{A}}_i(\boldsymbol{\rho})\quad \tilde{\boldsymbol{B}}_i(\boldsymbol{\rho})]^{\mathrm{T}}$和 $\boldsymbol{J}_2=[\boldsymbol{I}\quad \boldsymbol{I}\quad 0]$,则由不等式(5.26)可得到下面的不等式:

$$\begin{bmatrix}-\mathrm{He}\{\boldsymbol{\Lambda}\} & \boldsymbol{P}_i(\boldsymbol{\rho})-\boldsymbol{\Lambda}+\boldsymbol{\Lambda}\tilde{\boldsymbol{A}}_i & \boldsymbol{\Lambda}^{\mathrm{T}}\tilde{\boldsymbol{B}}_i & 0\\ * & \mathrm{He}\{\boldsymbol{\Lambda}^{\mathrm{T}}\tilde{\boldsymbol{A}}_i\}+\boldsymbol{\Xi}_i & \boldsymbol{\Lambda}^{\mathrm{T}}\tilde{\boldsymbol{B}}_i & \tilde{\boldsymbol{C}}_i^{\mathrm{T}}\\ * & * & -\gamma_i\boldsymbol{I} & \tilde{\boldsymbol{D}}_i^{\mathrm{T}}\\ * & * & * & -\gamma_i\boldsymbol{I}\end{bmatrix}<0 \tag{5.27}$$

构造矩阵

$$\boldsymbol{\Lambda}(\boldsymbol{\rho})=\begin{bmatrix}\boldsymbol{Y}(\boldsymbol{\rho}) & \boldsymbol{V}\\ * & \boldsymbol{Y}(\boldsymbol{\rho})\end{bmatrix},\quad \boldsymbol{\Gamma}(\boldsymbol{\rho})=\begin{bmatrix}\boldsymbol{X}(\boldsymbol{\rho}) & \boldsymbol{U}(\boldsymbol{\rho})\\ * & \boldsymbol{X}(\boldsymbol{\rho})\end{bmatrix}$$

令 $\boldsymbol{\Lambda}(\boldsymbol{\rho})^{-1}=\boldsymbol{\Gamma}(\boldsymbol{\rho})$，因为 $\boldsymbol{\Gamma}(\boldsymbol{\rho})\boldsymbol{\Lambda}(\boldsymbol{\rho})=\boldsymbol{I}$，因此有

$$\boldsymbol{U}(\boldsymbol{\rho})=(\boldsymbol{I}-\boldsymbol{X}(\boldsymbol{\rho})\boldsymbol{Y}(\boldsymbol{\rho}))\boldsymbol{V}^{-\mathrm{T}}$$

令 $\bar{\boldsymbol{X}}(\boldsymbol{\rho})=\boldsymbol{X}^{-1}(\boldsymbol{\rho})$，因为 $\bar{\boldsymbol{X}}(\boldsymbol{\rho})$ 和 $\boldsymbol{Y}(\boldsymbol{\rho})-\bar{\boldsymbol{X}}(\boldsymbol{\rho})$ 是非奇异的矩阵，则得到

$$\begin{bmatrix}\boldsymbol{Y}(\boldsymbol{\rho}) & \boldsymbol{I}\\ * & \boldsymbol{X}(\boldsymbol{\rho})\end{bmatrix}>0$$

选择如下形式的矩阵：

$$\boldsymbol{\Delta}_1=\begin{bmatrix}\boldsymbol{Y}(\boldsymbol{\rho}) & \boldsymbol{I}\\ \boldsymbol{V}^{\mathrm{T}} & 0\end{bmatrix},\quad \boldsymbol{\Delta}_2=\begin{bmatrix}\boldsymbol{I} & 0\\ * & \bar{\boldsymbol{X}}(\boldsymbol{\rho})\end{bmatrix},\quad \boldsymbol{\Phi}=\boldsymbol{\Gamma}\boldsymbol{\Delta}_1\boldsymbol{\Delta}_2$$

显然矩阵 $\boldsymbol{\Delta}_1$ 和 $\boldsymbol{\Delta}_2$ 是列满秩矩阵。对不等式(5.27)左乘 $\mathrm{diag}\{\boldsymbol{\Phi}^{\mathrm{T}},\boldsymbol{\Phi}^{\mathrm{T}},\boldsymbol{I},\boldsymbol{I}\}$，右乘 $\mathrm{diag}\{\boldsymbol{\Phi},\boldsymbol{\Phi},\boldsymbol{I},\boldsymbol{I}\}$，可得到下面的不等式：

$$\begin{bmatrix}-\mathrm{He}\{\bar{\boldsymbol{\Lambda}}\} & \bar{\boldsymbol{P}}_i-\bar{\boldsymbol{\Lambda}}+\bar{\boldsymbol{A}}_i & \bar{\boldsymbol{B}}_i & 0\\ * & \mathrm{He}\{\bar{\boldsymbol{A}}_i\}+\bar{\boldsymbol{\Xi}}_i & \bar{\boldsymbol{B}}_i & \bar{\boldsymbol{C}}_i^{\mathrm{T}}\\ * & * & -\gamma_i\boldsymbol{I} & \tilde{\boldsymbol{D}}_i^{\mathrm{T}}\\ * & * & * & -\gamma_i\boldsymbol{I}\end{bmatrix}<0 \tag{5.28}$$

其中

$$\begin{cases}\bar{\boldsymbol{\Lambda}}(\boldsymbol{\rho})=\boldsymbol{\Phi}^{\mathrm{T}}\boldsymbol{\Lambda}\boldsymbol{\Phi}\\ \bar{\boldsymbol{P}}_i(\boldsymbol{\rho})=\boldsymbol{\Phi}^{\mathrm{T}}\boldsymbol{P}_i(\boldsymbol{\rho})\boldsymbol{\Phi}\\ \bar{\boldsymbol{\Xi}}_i(\boldsymbol{\rho})=\boldsymbol{\Phi}^{\mathrm{T}}\boldsymbol{\Xi}_i\boldsymbol{\Phi}\\ \bar{\boldsymbol{A}}_i(\boldsymbol{\rho})=\boldsymbol{\Phi}^{\mathrm{T}}\boldsymbol{\Lambda}^{\mathrm{T}}\tilde{\boldsymbol{A}}_i(\boldsymbol{\rho})\boldsymbol{\Phi}\\ \bar{\boldsymbol{B}}_i(\boldsymbol{\rho})=\boldsymbol{\Phi}^{\mathrm{T}}\boldsymbol{\Lambda}^{\mathrm{T}}\tilde{\boldsymbol{B}}_i(\boldsymbol{\rho})\\ \bar{\boldsymbol{C}}_i(\boldsymbol{\rho})=\boldsymbol{\Phi}^{\mathrm{T}}\tilde{\boldsymbol{C}}_i(\boldsymbol{\rho})\end{cases}$$

然后令

$$\begin{cases}\bar{\boldsymbol{P}}_{11}(\boldsymbol{\rho})=\boldsymbol{P}_{11}(\boldsymbol{\rho})\\ \bar{\boldsymbol{P}}_{12}(\boldsymbol{\rho})=\boldsymbol{P}_{12}(\boldsymbol{\rho})\boldsymbol{U}^{\mathrm{T}}(\boldsymbol{\rho})\bar{\boldsymbol{X}}(\boldsymbol{\rho})\\ \bar{\boldsymbol{P}}_{22}^{i}(\boldsymbol{\rho})=\bar{\boldsymbol{X}}^{\mathrm{T}}(\boldsymbol{\rho})\boldsymbol{U}(\boldsymbol{\rho})\boldsymbol{P}_{22}^{i}(\boldsymbol{\rho})\boldsymbol{U}^{\mathrm{T}}(\boldsymbol{\rho})\bar{\boldsymbol{X}}(\boldsymbol{\rho})\\ \boldsymbol{M}_i(\boldsymbol{\rho})=\bar{\boldsymbol{x}}^{\mathrm{T}}(\boldsymbol{\rho})\boldsymbol{B}_{2i}(\boldsymbol{\rho})\boldsymbol{K}_i(\boldsymbol{\rho})\boldsymbol{U}^{\mathrm{T}}(\boldsymbol{\rho})\bar{\boldsymbol{X}}(\boldsymbol{\rho})\\ \boldsymbol{N}_i(\boldsymbol{\rho})=\boldsymbol{Y}(\boldsymbol{\rho})\boldsymbol{B}_{2i}\boldsymbol{K}_i(\boldsymbol{\rho})\boldsymbol{U}^{\mathrm{T}}(\boldsymbol{\rho})\bar{\boldsymbol{X}}(\boldsymbol{\rho})+\boldsymbol{V}\boldsymbol{A}_{fi}(\boldsymbol{\rho})\boldsymbol{U}^{\mathrm{T}}(\boldsymbol{\rho})\bar{\boldsymbol{X}}(\boldsymbol{\rho})\\ \boldsymbol{Q}_i(\boldsymbol{\rho})=(\boldsymbol{L}_{2,i}(\boldsymbol{\rho})\boldsymbol{K}_i(\boldsymbol{\rho})-\boldsymbol{C}_{fi}(\boldsymbol{\rho}))(\bar{\boldsymbol{X}}^{\mathrm{T}}(\boldsymbol{\rho})-\boldsymbol{Y}^{\mathrm{T}}(\boldsymbol{\rho}))\\ \boldsymbol{T}_i(\boldsymbol{\rho})=\boldsymbol{V}\boldsymbol{B}_{fi}(\boldsymbol{\rho})\end{cases}$$

则有

$$
\begin{cases}
\bar{\boldsymbol{\Lambda}}(\boldsymbol{\rho}) = \begin{bmatrix} \boldsymbol{Y}^{\mathrm{T}}(\boldsymbol{\rho}) & \bar{\boldsymbol{X}}(\boldsymbol{\rho}) \\ \bar{\boldsymbol{X}}^{\mathrm{T}}(\boldsymbol{\rho}) & \bar{\boldsymbol{X}}(\boldsymbol{\rho}) \end{bmatrix} \\
\bar{\boldsymbol{P}}_i(\boldsymbol{\rho}) = \begin{bmatrix} \bar{\boldsymbol{P}}_{11}(\boldsymbol{\rho}) & \bar{\boldsymbol{P}}_{11}(\boldsymbol{\rho}) + \bar{\boldsymbol{P}}_{12}(\boldsymbol{\rho}) \\ * & \bar{\boldsymbol{P}}_{11}(\boldsymbol{\rho}) + \mathrm{He}\{\bar{\boldsymbol{P}}_{12}(\boldsymbol{\rho})\} + \bar{\boldsymbol{P}}_{22}^{i}(\boldsymbol{\rho}) \end{bmatrix} \\
\bar{\boldsymbol{\Xi}}_i(\boldsymbol{\rho}) = \dot{\bar{\boldsymbol{P}}}_i(\boldsymbol{\rho}) + \sum_{j=1}^{m} \beta_{ij}(\boldsymbol{\rho})(\bar{\boldsymbol{P}}_i(\boldsymbol{\rho}) - \bar{\boldsymbol{P}}_j(\boldsymbol{\rho})) \\
\bar{\boldsymbol{A}}_i(\boldsymbol{\rho}) = \begin{bmatrix} \boldsymbol{Y}\boldsymbol{A}_i + \boldsymbol{T}_i\boldsymbol{C}_i & \boldsymbol{Y}\boldsymbol{A}_i + \boldsymbol{T}_i\boldsymbol{C}_i + \boldsymbol{N}_i \\ \bar{\boldsymbol{X}}^{\mathrm{T}}\boldsymbol{A}_i & \bar{\boldsymbol{X}}^{\mathrm{T}}\boldsymbol{A}_i + \boldsymbol{M}_i \end{bmatrix} \\
\bar{\boldsymbol{B}}_i(\boldsymbol{\rho}) = \begin{bmatrix} \boldsymbol{Y}^{\mathrm{T}}(\boldsymbol{\rho})\boldsymbol{B}_{1i}(\boldsymbol{\rho}) + \boldsymbol{T}_i(\boldsymbol{\rho})\boldsymbol{D}_i(\boldsymbol{\rho}) \\ \bar{\boldsymbol{X}}^{\mathrm{T}}(\boldsymbol{\rho})\boldsymbol{B}_{1i}(\boldsymbol{\rho}) \end{bmatrix} \\
\bar{\boldsymbol{C}}_i(\boldsymbol{\rho}) = \begin{bmatrix} \boldsymbol{L}_{1i}^{\mathrm{T}} - \boldsymbol{C}_i^{\mathrm{T}}\boldsymbol{D}_{fi}^{\mathrm{T}} \\ \boldsymbol{L}_{1i}^{\mathrm{T}} - \boldsymbol{C}_i^{\mathrm{T}}\boldsymbol{D}_{fi}^{\mathrm{T}} + \boldsymbol{Q}_i^{\mathrm{T}}(\boldsymbol{\rho}) \end{bmatrix} \\
\tilde{\boldsymbol{D}}_i(\boldsymbol{\rho}) = -\boldsymbol{D}_{f,i}(\boldsymbol{\rho})\boldsymbol{D}_i(\boldsymbol{\rho})
\end{cases}
$$

将 $\bar{\boldsymbol{\Lambda}}(\boldsymbol{\rho})$，$\bar{\boldsymbol{P}}_i(\boldsymbol{\rho})$，$\bar{\boldsymbol{\Xi}}_i(\boldsymbol{\rho})$，$\bar{\boldsymbol{A}}_i(\boldsymbol{\rho})$，$\bar{\boldsymbol{B}}_i(\boldsymbol{\rho})$，$\bar{\boldsymbol{C}}_i(\boldsymbol{\rho})$，$\tilde{\boldsymbol{D}}_i(\boldsymbol{\rho})$代入矩阵不等式(5.28)，进一步应用定理 5.2 中的可解的线性矩阵不等式(5.19)，就能证明不等式(5.28)成立。并且能构造出相应的滤波器矩阵式(5.20)和控制器增益矩阵式(5.21)。

按照定理 5.1 式的证明方法，能进一步证明闭环系统式(5.5)在外部扰动 $\boldsymbol{\omega}(t)=0$ 时是渐近稳定的，并且在扰动 $\boldsymbol{\omega}(t)\neq 0$ 时，系统的滤波误差 $\boldsymbol{e}(t)$和外部扰动 $\boldsymbol{\omega}(t)$之间满足 H_∞ 性能不等式(5.7)。证毕。

5.4 仿真例子

本节将用航空发动机切换 LPV 验证所设计的 H_∞ 滤波方案的有效性，即用设计的 H_∞ 滤波方案来估计航空发动机高压转子出口总温 T_{48}。

5.4.1 航空发动机的切换 LPV 模型

本节所用航空发动机模型为用第 2 章中所介绍的方法建立的切换 LPV 模型。航空发动机控制系统的状态分别是 N_{f} 和 N_{c}。它们分别表示发动机的低压转子的转速和高压转子的转速。W_{F} 是发动机的燃油流量。转速的单位是 r/min，表示每分钟旋转的次数。T_{48} 表示航空发动机高压转子出口的总温。

用曲线拟合方法得到的航空发动机的切换 LPV 模型如下：

$$
\begin{cases}
\dot{\boldsymbol{x}}(t) = \boldsymbol{A}_\sigma(\boldsymbol{\rho})\boldsymbol{x}(t) + \boldsymbol{B}_\sigma(\boldsymbol{\rho})\boldsymbol{u}(t) + \boldsymbol{E}_\sigma(\boldsymbol{\rho})\boldsymbol{\omega}(t) \\
\boldsymbol{y}(t) = \boldsymbol{C}_\sigma(\boldsymbol{\rho})\boldsymbol{x}(t) + \boldsymbol{D}_\sigma(\boldsymbol{\rho})\boldsymbol{\omega}(t) \\
\boldsymbol{z}(t) = \boldsymbol{L}_{1\sigma}(\boldsymbol{\rho})\boldsymbol{x}(t) + \boldsymbol{L}_{2\sigma}(\boldsymbol{\rho})\boldsymbol{u}(t)
\end{cases}
$$

式中：$\boldsymbol{x}(t)=[\Delta N_{\mathrm{f}} \quad \Delta N_{\mathrm{c}}]^{\mathrm{T}}$，$\boldsymbol{u}(t)=\Delta W_{\mathrm{F}}$。$\Delta N_{\mathrm{f}}=N_{\mathrm{f}}-N_{\mathrm{fe}}$，$\Delta N_{\mathrm{c}}=N_{\mathrm{c}}-N_{\mathrm{ce}}$，$\Delta W_{\mathrm{F}}=W_{\mathrm{F}}-W_{\mathrm{Fe}}$分

别是低压转子转速增量、高压转子转速增量和燃油流量的增量，$\sigma\in\{1,2\}$。$\boldsymbol{\omega}(t)$是外部的扰动输入，它表示发动机参数的老化或外部环境的扰动变量。取参数的变化范围为 $P=[m,h]=[0.3,0.65]\times[0,4.2]$。在这里 m 是马赫数，h 是发动机所处的海拔高度。取两个参数的导数的范围为$[-0.5,0.5]\times[-0.5,0.5]$。得到切换 LPV 模型的系统矩阵为

$$\begin{cases}\boldsymbol{A}_1(\boldsymbol{\rho})=\begin{bmatrix}-3.5131 & 1.2917\\ 0.4117 & -4.1357\end{bmatrix}+m\begin{bmatrix}1.0121 & 0.3487\\ 1.1742 & 0.4908\end{bmatrix}+h\begin{bmatrix}0.3181 & -0.2845\\ -0.2915 & 0.5297\end{bmatrix}\\ \boldsymbol{A}_2(\boldsymbol{\rho})=\begin{bmatrix}-3.7856 & 1.4173\\ 0.5030 & -4.6063\end{bmatrix}+m\begin{bmatrix}-1.072 & 0.327\\ 1.357 & -0.934\end{bmatrix}+h\begin{bmatrix}0.810 & -0.305\\ -0.333 & 0.908\end{bmatrix}\\ \boldsymbol{B}_1(\boldsymbol{\rho})=\begin{bmatrix}216.7627\\ 593.74\end{bmatrix}+m\begin{bmatrix}289.7\\ 1034.3\end{bmatrix}+h\begin{bmatrix}-49.70\\ -164.50\end{bmatrix}\\ \boldsymbol{B}_2(\boldsymbol{\rho})=\begin{bmatrix}228.1643\\ 645.9894\end{bmatrix}+m\begin{bmatrix}-21.4599\\ -44.3338\end{bmatrix}+h\begin{bmatrix}13.0862\\ 54.3263\end{bmatrix}\\ \boldsymbol{L}_{1,1}(\boldsymbol{\rho})=[-0.0879\quad -0.3181]+m[0.3035\quad 0.0504]+h[-0.0457\quad -0.0030]\\ \boldsymbol{L}_{1,2}(\boldsymbol{\rho})=[-0.0589\quad -0.3209]+m[0.2313\quad -0.1151]+h[-0.0267\quad 0.0245]\\ \boldsymbol{L}_{2,1}(\boldsymbol{\rho})=77.5349+290.5649m+51.7129h\\ \boldsymbol{L}_{2,2}(\boldsymbol{\rho})=137.903-216.7216m+124.3362h\\ \boldsymbol{E}_1(\boldsymbol{\rho})=\begin{bmatrix}0.1\\ 0.2\end{bmatrix}\\ \boldsymbol{E}_2(\boldsymbol{\rho})=\begin{bmatrix}0.2\\ 0.1\end{bmatrix}\\ \boldsymbol{C}_1(\boldsymbol{\rho})=\boldsymbol{C}_2(\boldsymbol{\rho})=[1\quad 0]\end{cases}$$

5.4.2 基于 H_∞ 滤波器的切换 LPV 控制

本节将用设计的 H_∞ 滤波器去消除外部扰动的影响以获 T_{48} 的精确值。应用本章所提的求解方法求得 H_∞ 扰动增益指标为 37.451 6，并求得如下的滤波器和控制器矩阵以及 Lyapunov 函数矩阵。其中的滤波器矩阵为

$$\begin{cases}\boldsymbol{A}_{f1}(\boldsymbol{\rho})=\begin{bmatrix}-18.908 & 4.001\\ 4.0313 & -19.377\end{bmatrix}+m\begin{bmatrix}-15.471 & 5.298\\ 10.733 & -21.68\end{bmatrix}+h\begin{bmatrix}7.533 & -2.857\\ -4.725 & 10.042\end{bmatrix}\\ \boldsymbol{A}_{f2}(\boldsymbol{\rho})=\begin{bmatrix}-18.768 & 3.994\\ 4.006 & -19.392\end{bmatrix}+m\begin{bmatrix}-14.589 & 5.114\\ 10.877 & 21.831\end{bmatrix}+h\begin{bmatrix}7.335 & -2.793\\ -4.764 & 10.068\end{bmatrix}\\ \boldsymbol{B}_{f1}(\boldsymbol{\rho})=\begin{bmatrix}-0.0883\\ -0.0926\end{bmatrix}+m\begin{bmatrix}-0.1040\\ -0.098\end{bmatrix}+h\begin{bmatrix}0.0064\\ -0.0074\end{bmatrix}\\ \boldsymbol{B}_{f2}(\boldsymbol{\rho})=\begin{bmatrix}-0.0729\\ -0.0970\end{bmatrix}+m\begin{bmatrix}0.0387\\ -0.0767\end{bmatrix}+h\begin{bmatrix}-0.0200\\ -0.0132\end{bmatrix}\\ \boldsymbol{C}_{f1}(\boldsymbol{\rho})=10^4[-0.079\quad -0.401]+10^4m[1.071\quad 3.80]+10^4h[-0.287\quad -1.058]\\ \boldsymbol{C}_{f2}(\boldsymbol{\rho})=10^4[0.279\quad -0.011]+10^4m[-1.867\quad -0.216]+10^4h[0.497\quad 0.111]\\ \boldsymbol{D}_{f1}(\boldsymbol{\rho})=-0.0494+0.1340m-0.0230h\\ \boldsymbol{D}_{f2}(\boldsymbol{\rho})=-0.0374+0.0993m-0.0163h\end{cases}$$

控制器增益矩阵为

$$\begin{cases}\boldsymbol{K}_1(\boldsymbol{\rho}) = [-1.9573 \quad -23.8513] + m[34.934 \quad 195.3233] - h[-9.7500 \quad -52.600] \\ \boldsymbol{K}_2(\boldsymbol{\rho}) = [15.3398 \quad -10.7816] + m[-95.3980 \quad 62.1293] - h[24.6803 \quad -13.7528]\end{cases}$$

子系统的类 Lyapunov 函数矩阵为

$$\begin{cases}\boldsymbol{P}_1(\boldsymbol{\rho}) = \begin{bmatrix} 0.647 & 0.007 & 1\,235 & 61.5 \\ 0.007 & 0.722 & 183 & -879 \\ 1\,235 & 183 & 19.737 & -3.15 \\ 61.5 & -879 & -3.15 & 15.17 \end{bmatrix} + m\begin{bmatrix} 0.6396 & -0.007 & 4\,932 & 247 \\ -0.007 & 0.6356 & 733.4 & -3\,527 \\ 4\,932 & 733.4 & 24.478 & -4.026 \\ 247 & -3\,527 & -4.026 & 18.845 \end{bmatrix} + \\ \qquad h\begin{bmatrix} 0.5910 & -0.0044 & -4\,925.2 & -247.7 \\ -0.0044 & 0.6008 & -734.1 & 3\,533.7 \\ -4\,925.2 & -734.1 & 22.7290 & -3.7152 \\ -247.7 & 3\,533.7 & -3.7152 & 17.4649 \end{bmatrix} \\ \boldsymbol{P}_2(\boldsymbol{\rho}) = \begin{bmatrix} 0.647 & 0.007 & 1\,235 & 61.5 \\ 0.007 & 0.722 & 183 & -879 \\ 1\,235 & 183 & 14.71 & -2.22 \\ 61.5 & -879 & -2.22 & 11.16 \end{bmatrix} + m\begin{bmatrix} 0.6396 & -0.007 & 4\,932 & 247 \\ -0.007 & 0.6356 & 733.4 & -3\,527 \\ 4\,932 & 733.4 & 36.969 & -6.201 \\ 247 & -3\,527 & -6.201 & 28.744 \end{bmatrix} + \\ \qquad h\begin{bmatrix} 0.5910 & -0.0044 & -4\,925.2 & -247.7 \\ -0.0044 & 0.6008 & -734.1 & 3\,533.7 \\ -4\,925.2 & -734.1 & 26.4309 & -4.3235 \\ -247.7 & 3\,533.7 & -4.3235 & 20.3959 \end{bmatrix}\end{cases}$$

然后把设计的切换 LPV 滤波器和控制器应用到发动机模型上。选择外部扰动输入信号为 $\boldsymbol{\omega}(t) = [\mathrm{e}^{-t} \quad \mathrm{e}^{-t}]^{\mathrm{T}}$。切换 LPV 模型状态的初始值为 $\boldsymbol{x}(t_0) = [\Delta N_{\mathrm{fe}} \quad \Delta N_{\mathrm{ce}}] = [-0.05 \quad -0.05]^{\mathrm{T}}$。时变的马赫数轨迹如图 5.1 所示，发动机的高度参数在图 5.2 中给出。切换信号如图 5.3 所示。发动机高压转子出口总温的测量误差如图 5.4 所示。它显示测量误差 $\boldsymbol{e}(t)=\boldsymbol{z}(t)-\hat{\boldsymbol{z}}(t)\to 0$，这表明所设计的滤波器可以估计控制输出 $\boldsymbol{z}(t)$。系统状态和滤波器的状态如图 5.5 所示。这表明所设计的参数和滤波器状态依赖的控制器可以镇定增广系统式(5.5)。因此，所研究的 H_∞ 滤波问题是可解的。仿真结果表明了设计方案的有效性。

文献[116]提供的方法不能直接应用到系统，因为它需要子系统都必须满足赫尔维茨条件。文献[87]的针对线性时不变系统的方法也不能直接应用到系统上。可将该文献的方法改造以设计切换 LPV 系统的参数变化的动态输出反馈控制器。由图 5.6 可以看出，与用文献[87]设计的控制器相比，基于滤波器状态的控制器使系统的状态具有更短的响应时间。

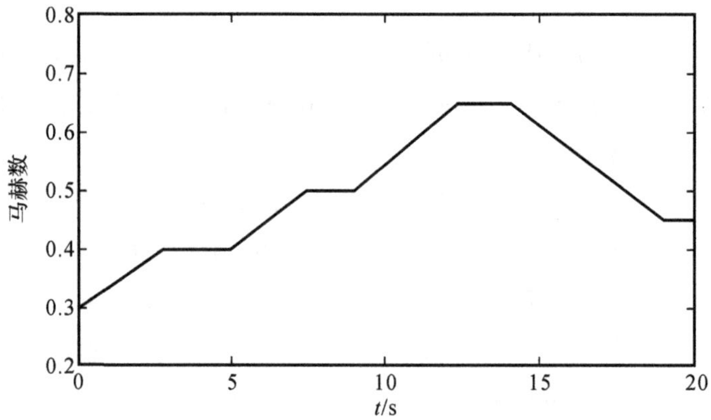

图 5.1　调数参数马赫数

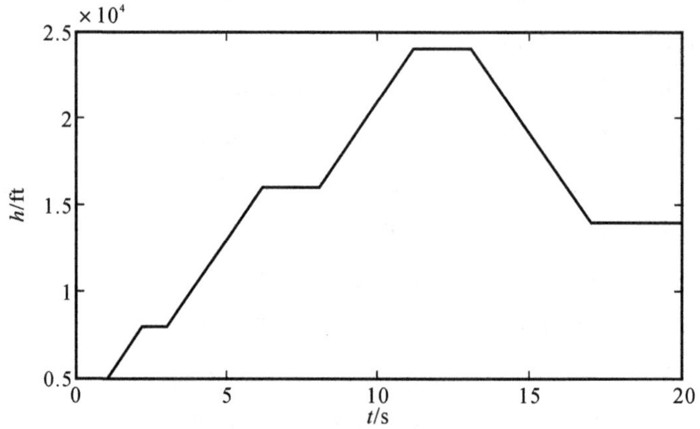

图 5.2　调数参数高度

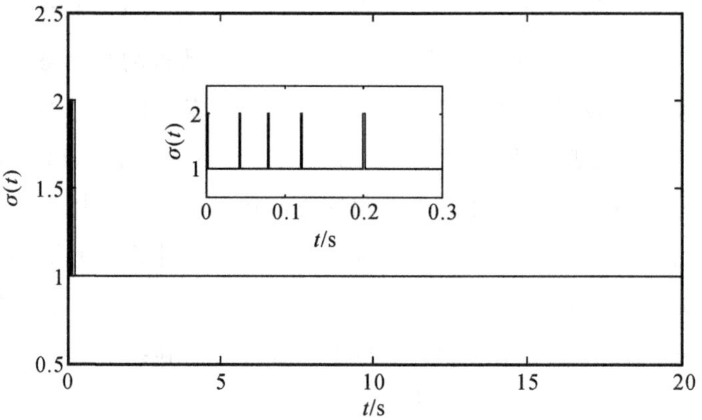

图 5.3　切换信号

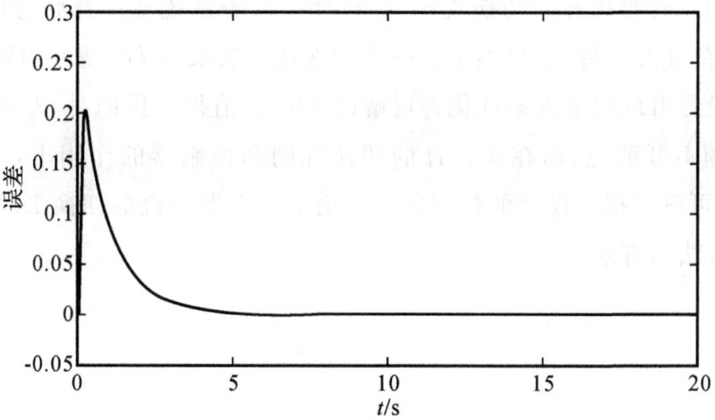

图 5.4　T_{48} 的估计误差

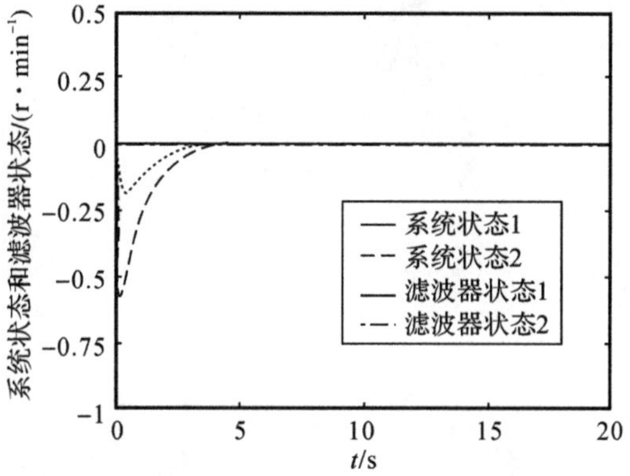

图 5.5　系统状态和滤波器状态

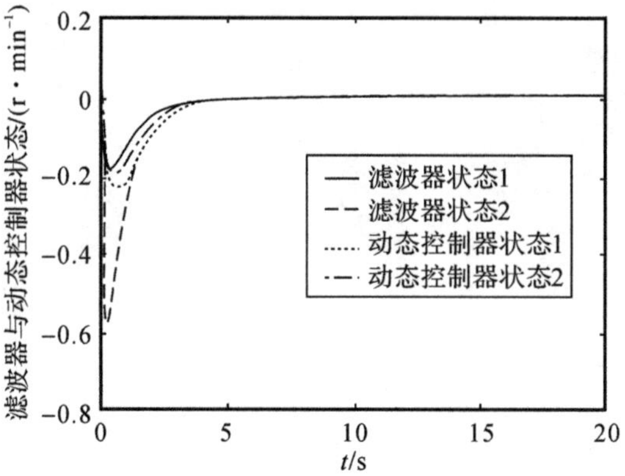

图 5.6　在滤波器和动态控制器作用下的系统状态

5.5　本 章 小 结

本章研究了切换 LPV 系统的 H_∞ 滤波问题。基于多 Lyapunov 函数法，首先设计了依赖于系统调度参数和滤波器状态的切换规则，并设计了基于系统滤波器状态的控制器，给出了 H_∞ 滤波问题可解的充分条件，最后给出了一个用迭代算法求解 H_∞ 滤波问题的滤波器和控制器矩阵。又应用投影引理把定理条件化为可解的 LMI。值得一提的是，即使对单个的子系统而言，H_∞ 滤波问题不可解，然而在所设计的切换规则和控制器的作用下，切换 LPV 系统的 H_∞ 滤波问题仍然可解。把所设计的控制方法应用于航空发动机的切换 LPV 模型中，仿真结果表明了所设计方法的有效性。

第6章 具有不确定调度参数的切换LPV系统的故障检测与控制设计

本章将针对切换LPV系统的调度参数存在测量误差的情况，研究切换LPV系统的故障检测与控制设计问题。基于多Lyapunov函数法，设计依赖于调度参数测量值的故障检测滤波器和依赖于滤波器状态的控制器，给出故障检测问题可解的充分条件。应用模型依赖的平均驻留时间切换方法，可以使得设计更灵活。尽管不能得到调度参数的准确值，切换LPV系统的故障检测与控制设计问题仍然可解。最后通过一个航空发动机的切换LPV模型验证所设计方案的有效性。

6.1 引　言

前面的章节是在系统的调度参数可以精确获得的基础上研究切换LPV系统相关控制问题的。但是在实际的工作情况下，由于测量噪声的影响，以及在测量时不可避免地会存在测量误差，人们很难获得调度参数的精确测量值[122]，所以，有必要考虑当调度参数测量值不能准确获得时的情况。LPV系统的调度参数测量值不精确的问题已经引起一些学者的注意[123-126]。但是到目前为止还很少有研究切换LPV系统调度参数不准确问题的成果出现。只在某些文献中有所涉及[127-128]。因此有必要进一步研究带有调度参数测量值不准确的切LPV系统的控制问题。

基于平均驻留时间的切换方法作为一种非常有效的切换策略能够灵活地分析切换系统，使用这种切换方法进行控制分析与设计已经取得了许多研究成果[129-130]。在有限的时间段内，平均驻留时间方法要求每个子系统的运行平均时间必须大于一个常数。但是在实际工程系统中，每个子系统的平均驻留时间也可能有所不同。基于此种情况，文献[30]提出了模型依赖的平均驻留时间(MDADT)方法。

同时，在实际系统中安全问题占有十分重要的位置，及时检测出潜在的故障可以避免灾难性后果[131-132]。故障检测的策略通常有两种，一种是基于模型的故障检测方法，另一种是不基于系统模型的检测方法。关于对故障检测滤波器与控制器同时进行设计的思想已经开展了一些重要研究[133]。另外有一些学者考虑了切换系统的故障检测问题[134-135]。但是对于切换LPV系统的故障检测与控制同时设计问题还未见有研究成果。

本章的内容是在应用多Lyapunov函数法的基础上，通过应用模型依赖的平均驻留时间切换方法，来研究调度参数不能准确获得时的切换 LPV 系统的故障检测与控制问题。由于不能获得准确的调度参数，所以只能设计依赖于调度参数测量值的故障检测滤波器和控制器。另外，应用引进松弛矩阵的方法，以避免 Lyapunov 函数矩阵的结构限制，使得所得结果具有较小的保守性。最后，给出切换规则和滤波器及控制器增益存在的可解性条件，并且转化成为线性矩阵不等式以方便求解。将所设计的故障检测方案应用于一个航空发动机的切换 LPV 模型中，仿真效果表明所设计方案的有效性。

6.2 问题描述与控制目标

6.2.1 系统模型

考虑下面的一类切换 LPV 系统：

$$\left.\begin{aligned}\dot{\boldsymbol{x}}(t) &= \boldsymbol{A}_\sigma(\boldsymbol{\rho})\boldsymbol{x}(t) + \boldsymbol{B}_{\sigma u}(t) + \boldsymbol{B}_{d\sigma}(\boldsymbol{\rho})\boldsymbol{d}(t) + \boldsymbol{F}_{1\sigma}(\boldsymbol{\rho})\boldsymbol{f}(t)\\ \boldsymbol{y}(t) &= \boldsymbol{C}_\sigma(\boldsymbol{\rho})\boldsymbol{x}(t) + \boldsymbol{D}_{d\sigma}(\rho)\boldsymbol{d}(t) + \boldsymbol{F}_{2\sigma}(\boldsymbol{\rho})\boldsymbol{f}(t)\\ \boldsymbol{z}(t) &= \boldsymbol{E}_\sigma(\boldsymbol{\rho})\boldsymbol{x}(t) + \boldsymbol{E}_{c\sigma}\boldsymbol{u}(t) + \boldsymbol{E}_{d\sigma}(\boldsymbol{\rho})\boldsymbol{d}(t) + \boldsymbol{F}_{3\sigma}(\boldsymbol{\rho})\boldsymbol{f}(t)\end{aligned}\right\} \tag{6.1}$$

式中：$\boldsymbol{x}(t)\in\mathbf{R}^{n_x}$ 是状态向量；$\boldsymbol{y}(t)\in\mathbf{R}^{n_y}$ 是测量输出向量；$\boldsymbol{u}(t)\in\mathbf{R}^{n_u}$ 是控制输入向量；$\boldsymbol{z}(t)\in\mathbf{R}^{n_z}$ 是控制输出向量，还有 $\boldsymbol{d}(t)$，$\boldsymbol{f}(t)$ 分别是扰动输入和故障信号，它们都属于 $L_2[0,\infty)$ 空间。函数 $\sigma(t):[0,\infty)\rightarrow\boldsymbol{Z}_m=\{1,2,\cdots,m\}$ 是切换信号，其中勿 $\boldsymbol{Z}_m$ 是子系统的指标集合，m 是一个正整数。矩阵 $[\boldsymbol{A}_\sigma(\boldsymbol{\rho})\quad \boldsymbol{C}_\sigma(\boldsymbol{\rho})]$ 是可检测的。系统的矩阵都有恰当的维数。假设 s 维的调度参数 $\boldsymbol{\rho}(t)=\{\rho_1(t),\rho_2(t),\cdots,\rho_s(t)\}$ 和它的导数 $\dot{\boldsymbol{\rho}}(t)$ 都属于第 3 章中式(3.2)和式(3.3)描述的有界集合。

假设由于不确定性或测量噪声等原因，调度参数的各分量 $\rho_k(t)$ 的测量值是不能精确获得的，则相对于精确的调度参数 ρ_k，所获得的调度参数测量值的分量记为 $\hat{\rho}_k$。其中测量误差的分量记为 $\delta_k=\hat{\rho}_k-\rho_k$，并且假设 δ_k 和 $\dot{\delta}_k$ 也在边界已知的有界集中：

$$\delta\in\Delta\triangleq\{\delta\in\mathscr{R}^s:\underline{\delta}_k\leqslant\delta_k\leqslant\bar{\delta}_k,k\in\boldsymbol{Z}_s\} \tag{6.2}$$

$$\dot{\delta}\in\Omega_\delta\triangleq\{\dot{\delta}\in\mathscr{R}^s:\underline{\theta}_k\leqslant\dot{\delta}_k\leqslant\bar{\theta}_k,k\in\boldsymbol{Z}_s\} \tag{6.3}$$

基于故障检测和系统控制设计的目标，需要设计如下的依赖于调度参数不准确测量值的控制器和故障检测器：

$$\begin{aligned}\dot{\hat{\boldsymbol{x}}}(t) &= \boldsymbol{A}_{fi}(\hat{\boldsymbol{\rho}})\hat{\boldsymbol{x}}(t) + \boldsymbol{B}_{fi}(\hat{\boldsymbol{\rho}})\boldsymbol{y}(t)\\ \boldsymbol{r}(t) &= \boldsymbol{C}_{fi}(\hat{\boldsymbol{\rho}})\hat{\boldsymbol{x}}(t) + \boldsymbol{D}_{fi}(\hat{\boldsymbol{\rho}})\boldsymbol{y}(t)\end{aligned} \tag{6.4}$$

$$\boldsymbol{u}(t) = \boldsymbol{K}_i(\hat{\boldsymbol{\rho}})\hat{\boldsymbol{x}}(t) \tag{6.5}$$

式中：$\hat{\boldsymbol{x}}(t)\in\mathbf{R}^{n_x}$；滤波器矩阵 $\boldsymbol{A}_{fi}(\hat{\boldsymbol{\rho}})$，$\boldsymbol{B}_{fi}(\hat{\boldsymbol{\rho}})$，$\boldsymbol{C}_{fi}(\hat{\boldsymbol{\rho}})$，$\boldsymbol{D}_{fi}(\hat{\boldsymbol{\rho}})$ 和控制器矩阵 $\boldsymbol{K}_i(\hat{\boldsymbol{\rho}})$ 都具有合适的维数。信号 $\boldsymbol{r}(t)$ 称为残差信号，它是滤波器的一个输出信号。

把故障检测滤波器式(6.4)与控制器式(6.5)代入系统式(6.1)得到如下的增广的闭环系统：

$$\left.\begin{aligned}\dot{\bar{\boldsymbol{x}}}(t)&=\bar{\boldsymbol{A}}_{\sigma}(\boldsymbol{\rho},\hat{\boldsymbol{\rho}})\bar{\boldsymbol{x}}(t)+\bar{\boldsymbol{B}}_{\sigma}(\boldsymbol{\rho},\hat{\boldsymbol{\rho}})\boldsymbol{d}(t)+\bar{\boldsymbol{F}}_{1\sigma}(\boldsymbol{\rho},\hat{\boldsymbol{\rho}})\boldsymbol{f}(t)\\ \boldsymbol{r}(t)&=\bar{\boldsymbol{C}}_{\sigma}(\boldsymbol{\rho},\hat{\boldsymbol{\rho}})\bar{\boldsymbol{x}}(t)+\bar{\boldsymbol{D}}_{\sigma}(\boldsymbol{\rho},\hat{\boldsymbol{\rho}})\boldsymbol{d}(t)+\bar{\boldsymbol{F}}_{2\sigma}(\boldsymbol{\rho},\hat{\boldsymbol{\rho}})\boldsymbol{f}(t)\\ \boldsymbol{z}(t)&=\bar{\boldsymbol{E}}_{\sigma}(\boldsymbol{\rho},\hat{\boldsymbol{\rho}})\bar{\boldsymbol{x}}(t)+\bar{\boldsymbol{E}}_{d\sigma}(\boldsymbol{\rho},\hat{\boldsymbol{\rho}})\boldsymbol{d}(t)+\bar{\boldsymbol{F}}_{3\sigma}(\boldsymbol{\rho},\hat{\boldsymbol{\rho}})\boldsymbol{f}(t)\end{aligned}\right\}\tag{6.6}$$

其中

$$\begin{cases}\bar{\boldsymbol{x}}(t)=[\boldsymbol{x}^{\mathrm{T}}(t)\quad\hat{\boldsymbol{x}}^{\mathrm{T}}(t)]^{\mathrm{T}}\\ \bar{\boldsymbol{A}}_i(\boldsymbol{\rho},\hat{\boldsymbol{\rho}})=\begin{bmatrix}\boldsymbol{A}_i(\boldsymbol{\rho}) & \boldsymbol{B}_i\boldsymbol{K}_i(\hat{\boldsymbol{\rho}})\\ \boldsymbol{B}_{fi}(\hat{\boldsymbol{\rho}})\boldsymbol{C}_i(\boldsymbol{\rho}) & \boldsymbol{A}_{fi}(\hat{\boldsymbol{\rho}})\end{bmatrix}\\ \bar{\boldsymbol{B}}_i(\boldsymbol{\rho},\hat{\boldsymbol{\rho}})=\begin{bmatrix}\boldsymbol{B}_{di}(\boldsymbol{\rho})\\ \boldsymbol{B}_{fi}(\hat{\boldsymbol{\rho}})\boldsymbol{D}_{di}(\boldsymbol{\rho})\end{bmatrix}\\ \bar{\boldsymbol{C}}_i(\boldsymbol{\rho},\hat{\boldsymbol{\rho}})=[\boldsymbol{D}_{fi}(\hat{\boldsymbol{\rho}})\boldsymbol{C}_i(\boldsymbol{\rho})\quad\boldsymbol{C}_{fi}(\hat{\boldsymbol{\rho}})]\\ \bar{\boldsymbol{D}}_i(\boldsymbol{\rho})=\boldsymbol{D}_{fi}(\hat{\boldsymbol{\rho}})\boldsymbol{D}_{di}(\boldsymbol{\rho})\\ \bar{\boldsymbol{E}}_i(\boldsymbol{\rho},\hat{\boldsymbol{\rho}})=[\boldsymbol{E}_i(\boldsymbol{\rho})\quad\boldsymbol{E}_{ci}\boldsymbol{K}_i(\hat{\boldsymbol{\rho}})]\\ \bar{\boldsymbol{E}}_{di}(\boldsymbol{\rho},\hat{\boldsymbol{\rho}})=\boldsymbol{E}_{di}(\boldsymbol{\rho})\\ \bar{\boldsymbol{F}}_{1i}(\boldsymbol{\rho},\hat{\boldsymbol{\rho}})=\begin{bmatrix}\boldsymbol{F}_{1i}(\boldsymbol{\rho})\\ \boldsymbol{B}_{fi}(\hat{\boldsymbol{\rho}})\boldsymbol{F}_{2i}(\boldsymbol{\rho})\end{bmatrix}\\ \bar{\boldsymbol{F}}_{2i}(\boldsymbol{\rho})=\boldsymbol{D}_{fi}(\hat{\boldsymbol{\rho}})\boldsymbol{F}_{2i}(\boldsymbol{\rho})\\ \bar{\boldsymbol{F}}_{3i}(\boldsymbol{\rho},\hat{\boldsymbol{\rho}})=\boldsymbol{F}_{3i}(\boldsymbol{\rho})\end{cases}$$

6.2.2　问题描述

鉴于得不到系统式(6.1)调度参数的准确测量值，本章的控制目标是设计依赖于调度参数测量值的故障检测滤波器并设计基于滤波器状态的控制器来镇定该系统，进一步用设计的故障检测滤波器式(6.4)来检测系统式(6.1)中潜在的故障信息，同时还需要保证下面的加权的 L_{2-} 增益不等式。

(1)为进行故障检测，抑制扰动信号 $\boldsymbol{d}(t)$ 对残差信号 $\boldsymbol{r}(t)$ 的影响，同时扩大故障信号 $\boldsymbol{f}(t)$ 对残差信号 $\boldsymbol{r}(t)$ 的作用，对于给定的标量参数 $\beta>0$，$\eta>0$，需要保证

$$\int_0^{+\infty}\beta\mathrm{e}^{-\eta t}\boldsymbol{r}^{\mathrm{T}}(t)\boldsymbol{r}(t)\mathrm{d}t\leqslant\gamma_1^2\int_0^{+\infty}\boldsymbol{d}^{\mathrm{T}}(t)\boldsymbol{d}(t)\mathrm{d}t\tag{6.7}$$

$$\int_0^{+\infty}\boldsymbol{r}^{\mathrm{T}}(t)\boldsymbol{r}(t)\mathrm{d}t\geqslant\gamma_2^2\int_0^{+\infty}\beta\mathrm{e}^{-\eta t}\boldsymbol{f}^{\mathrm{T}}(t)\boldsymbol{f}(t)\mathrm{d}t\tag{6.8}$$

(2)为达到鲁棒控制的目标，对于给定的标量 β 和 η，用以抑制扰动信号 $\boldsymbol{d}(t)$ 和故障信号 $\boldsymbol{f}(t)$ 对系统控制输出 $\boldsymbol{z}(t)$ 的影响，需要保证

$$\int_0^{+\infty}\beta\mathrm{e}^{-\eta t}\boldsymbol{z}^{\mathrm{T}}(t)\boldsymbol{z}(t)\mathrm{d}t\leqslant\gamma_3^2\int_0^{+\infty}\boldsymbol{d}^{\mathrm{T}}(t)\boldsymbol{d}(t)\mathrm{d}t\tag{6.9}$$

$$\int_0^{+\infty} \beta e^{-\eta t} \boldsymbol{z}^{\mathrm{T}}(t)\boldsymbol{z}(t)\mathrm{d}t \leqslant \gamma_4^2 \int_0^{+\infty} \boldsymbol{f}^{\mathrm{T}}(t)\boldsymbol{f}(t)\mathrm{d}t \tag{6.10}$$

注 6.1　在不等式(6.7)～不等式(6.10)中，γ_2^2 反映残差信号 $\boldsymbol{r}(t)$ 对故障信号 $\boldsymbol{f}(t)$ 的灵敏性。γ_2^2 越大，$\boldsymbol{r}(t)$ 对 $\boldsymbol{f}(t)$ 的变化越灵敏。较小的 γ_1^2，γ_3^2 和 γ_4^2 的值意味着扰动信号 $\boldsymbol{d}(t)$ 对控制输出 $\boldsymbol{z}(t)$ 和残差信号 $\boldsymbol{r}(t)$ 有较小的影响。反过来说明 $\boldsymbol{z}(t)$ 和 $\boldsymbol{r}(t)$ 对扰动信号 $\boldsymbol{d}(t)$ 不灵敏。由于使用模型依赖的平均驻留时间的切换方法，参数 η 与加权的 L_2 增益指标有关。η 越小意味着 τ_a 越大。那么加权的 L_2 增益就会变成一般的扰动抑制。类似地，参数 β 影响加权的 L_2 增益指标 γ_1^2，γ_2^2，γ_3^2 和 γ_4^2 的大小。

在本章中将用到下面的假设、定义。

假设 6.1　系统式(6.1)的系统矩阵关于时变的调度参数 $\boldsymbol{\rho}(t) \in \mathscr{P}$ 是仿射形式的矩阵。

定义 6.1[30]　对切换信号 $\sigma(t)$ 和 $\forall\, T \geqslant t \geqslant 0$，$N_{\sigma i}(t,T)(i \in \mathbf{Z}_m)$ 是第 i 个子系统在区间 $[t, T)$ 激活的次数，并且 $T_i(t,T)$ 是第 i 个子系统在区间 $[t,T)$ 总的激活时间。如果存在正数 N_{0i}（N_{0i} 为第 i 个子系统的抖振的界）和 τ_{ai}，使得下面的不等式

$$N_{\sigma i}(t,T) \leqslant N_{0i} + \frac{T_i(t,T)}{\tau_{ai}},\ \forall\, T \geqslant t \geqslant 0 \tag{6.11}$$

成立，则称切换信号 $\sigma(t)$ 有模型依赖的平均驻留时间(MDADT)，τ_{ai}。

注 6.2　因为不能获得调度参数 $\boldsymbol{\rho}(t)$ 准确的测量值，只能用测量得到的参数值 $\hat{\boldsymbol{\rho}}(t)$ 来设计故障检测的滤波器和控制器，所以，这些滤波器和控制器依赖于不准确的测量参数值 $\hat{\boldsymbol{\rho}}(t)$。另外注意通过下面定理中的充分条件保证加权的 L_2 增益不等式(6.7)～不等式(6.10)成立。与已有的系统状态反馈和状态依赖的切换方法相比，这些依赖于系统测量输出的条件将更宽松。

6.3　故障检测器与鲁棒控制器的同时设计

本节将利用参数依赖的多 Lyapunov 函数法和基于模型依赖平均驻留时间的切换方法来给出系统式(6.6)的故障检测滤波器与控制器同时设计的充分条件。

6.3.1　故障检测条件

定理 6.1　对于给定的参数 $\lambda_i > 0$，$\mu_i > 1$ 和任意的非奇异矩阵 $\mathbf{V}$，如果存在正定矩阵 $\bar{\boldsymbol{P}}_{11}^i(\hat{\boldsymbol{\rho}})$，$\bar{\boldsymbol{P}}_{22}^i(\hat{\boldsymbol{\rho}})$，$\bar{\boldsymbol{X}}(\hat{\boldsymbol{\rho}})$，$\boldsymbol{Y}(\hat{\boldsymbol{\rho}})$ 和矩阵 $\boldsymbol{D}_{fi}(\hat{\boldsymbol{\rho}})$，$\boldsymbol{M}_i(\hat{\boldsymbol{\rho}})$，$\boldsymbol{N}_i(\hat{\boldsymbol{\rho}})$，$\bar{\boldsymbol{P}}_{12}^i(\hat{\boldsymbol{\rho}})$，$\boldsymbol{Q}_i(\hat{\boldsymbol{\rho}})$，$\boldsymbol{T}_i(\hat{\boldsymbol{\rho}})$，$\forall\, i,j \in \mathbf{Z}_m$，$i \neq j$，使得下面的不等式成立：

$$\begin{bmatrix} -\mathrm{He}\{\boldsymbol{\Phi}_1\} & \boldsymbol{\gamma}_{12i} & \boldsymbol{\gamma}_{13i} & 0 \\ * & \boldsymbol{\gamma}_{22i} & \boldsymbol{\gamma}_{23i} & \boldsymbol{\gamma}_{24i} \\ * & * & -\gamma_1^2 I & \boldsymbol{\gamma}_{34i} \\ * & * & * & -\boldsymbol{I} \end{bmatrix} < 0 \tag{6.12}$$

$$\bar{\boldsymbol{P}}_i(\hat{\boldsymbol{\rho}}) \leqslant \mu_i \bar{\boldsymbol{P}}_j(\hat{\boldsymbol{\rho}}) \tag{6.13}$$

其中

$$\begin{cases}
\boldsymbol{\gamma}_{12i} = \bar{\boldsymbol{P}}_i(\hat{\boldsymbol{\rho}}) - \boldsymbol{\Phi}_1 + \boldsymbol{\Psi}_{1i}(\boldsymbol{\rho},\hat{\boldsymbol{\rho}}) \\
\boldsymbol{\gamma}_{13i} = \boldsymbol{\gamma}_{23i} = \boldsymbol{\Psi}_{2i}(\boldsymbol{\rho},\hat{\boldsymbol{\rho}}) \\
\boldsymbol{\gamma}_{22i} = \mathrm{He}\{\boldsymbol{\Psi}_{1i}(\boldsymbol{\rho},\hat{\boldsymbol{\rho}})\} + \lambda_i \bar{\boldsymbol{P}}_i(\hat{\boldsymbol{\rho}}) + \dot{\bar{\boldsymbol{P}}}_i(\hat{\boldsymbol{\rho}}) \\
\boldsymbol{\gamma}_{24i} = \begin{bmatrix} \boldsymbol{C}_i^{\mathrm{T}}(\boldsymbol{\rho})\boldsymbol{D}_{fi}^{\mathrm{T}}(\hat{\boldsymbol{\rho}}) \\ \boldsymbol{C}_i^{\mathrm{T}}(\boldsymbol{\rho})\boldsymbol{D}_{fi}^{\mathrm{T}}(\hat{\boldsymbol{\rho}}) + \boldsymbol{Q}_i^{\mathrm{T}}(\hat{\boldsymbol{\rho}}) \end{bmatrix} \\
\boldsymbol{\gamma}_{34i} = \boldsymbol{D}_{di}^{\mathrm{T}}(\boldsymbol{\rho})\boldsymbol{D}_{di}^{\mathrm{T}}(\hat{\boldsymbol{\rho}}) \\
\boldsymbol{\Phi}_1 = \begin{bmatrix} \boldsymbol{Y}(\hat{\boldsymbol{\rho}}) & \bar{\boldsymbol{X}}(\hat{\boldsymbol{\rho}}) \\ \bar{\boldsymbol{X}}(\hat{\boldsymbol{\rho}}) & \bar{\boldsymbol{X}}(\hat{\boldsymbol{\rho}}) \end{bmatrix} \\
\bar{\boldsymbol{P}}_i(\hat{\boldsymbol{\rho}}) = \begin{bmatrix} \bar{\boldsymbol{P}}_{11}^i(\hat{\boldsymbol{\rho}}) & \bar{\boldsymbol{P}}_{11}^i(\hat{\boldsymbol{\rho}}) + \bar{\boldsymbol{P}}_{12}^i(\hat{\boldsymbol{\rho}}) \\ * & \bar{\boldsymbol{P}}_{11}^i(\hat{\boldsymbol{\rho}}) + \mathrm{He}\{\bar{\boldsymbol{P}}_{12}^i(\hat{\boldsymbol{\rho}})\} + \bar{\boldsymbol{P}}_{22}^i(\hat{\boldsymbol{\rho}}) \end{bmatrix} \\
\boldsymbol{\Psi}_{1i}(\boldsymbol{\rho},\hat{\boldsymbol{\rho}}) = \begin{bmatrix} \boldsymbol{Y}(\hat{\boldsymbol{\rho}})\boldsymbol{A}_i(\boldsymbol{\rho}) + \boldsymbol{T}_i(\hat{\boldsymbol{\rho}})\boldsymbol{C}_i(\boldsymbol{\rho}) & \boldsymbol{Y}(\hat{\boldsymbol{\rho}})\boldsymbol{A}_i(\boldsymbol{\rho}) + \boldsymbol{T}_i(\hat{\boldsymbol{\rho}})\boldsymbol{C}_i(\boldsymbol{\rho}) + \boldsymbol{N}_i(\hat{\boldsymbol{\rho}}) \\ \bar{\boldsymbol{X}}^{\mathrm{T}}(\hat{\boldsymbol{\rho}})\boldsymbol{A}_i(\boldsymbol{\rho}) & \bar{\boldsymbol{X}}^{\mathrm{T}}(\hat{\boldsymbol{\rho}})\boldsymbol{A}_i(\boldsymbol{\rho}) + \boldsymbol{M}_i(\hat{\boldsymbol{\rho}}) \end{bmatrix} \\
\boldsymbol{\Psi}_{2i}(\boldsymbol{\rho},\hat{\boldsymbol{\rho}}) = \begin{bmatrix} \boldsymbol{Y}^{\mathrm{T}}(\hat{\boldsymbol{\rho}})\boldsymbol{B}_{di}(\boldsymbol{\rho}) + \boldsymbol{T}_i(\hat{\boldsymbol{\rho}})\boldsymbol{D}_{di}(\boldsymbol{\rho}) \\ \bar{\boldsymbol{X}}^{\mathrm{T}}(\hat{\boldsymbol{\rho}})\boldsymbol{B}_{di}(\boldsymbol{\rho}) \end{bmatrix}
\end{cases}$$

那么当 $\boldsymbol{d}(t)=0$，$\boldsymbol{f}(t)=0$ 时，对任意的满足模型依赖平均驻留时间

$$\tau_{ai} \geqslant \tau_{ai}^* = \frac{\ln \mu_i}{\lambda_i} \tag{6.14}$$

的切换信号及所设计的控制器的作用下，切换系统的闭环系统式(6.6)是指数稳定的。当 $\boldsymbol{d}(t) \neq 0$，$\boldsymbol{f}(t)=0$ 时，有不等式(6.7)成立。

进一步，可以得到如下的滤波器和控制器矩阵为

$$\left.\begin{aligned}
&\boldsymbol{A}_{fi}(\hat{\boldsymbol{\rho}}) = \boldsymbol{V}^{-1}\{\boldsymbol{N}_i(\hat{\boldsymbol{\rho}}) - \boldsymbol{Y}(\hat{\boldsymbol{\rho}})\bar{\boldsymbol{X}}^{-1}(\hat{\boldsymbol{\rho}})\boldsymbol{M}_i(\hat{\boldsymbol{\rho}})\}(\bar{\boldsymbol{X}}^{\mathrm{T}}(\hat{\boldsymbol{\rho}}) - \boldsymbol{Y}^{\mathrm{T}}(\hat{\boldsymbol{\rho}}))^{-1}\boldsymbol{V} \\
&\boldsymbol{B}_{fi}(\hat{\boldsymbol{\rho}}) = \boldsymbol{V}^{-1}\boldsymbol{T}_i(\hat{\boldsymbol{\rho}}) \\
&\boldsymbol{C}_{fi}(\hat{\boldsymbol{\rho}}) = \boldsymbol{Q}_i(\hat{\boldsymbol{\rho}})(\bar{\boldsymbol{X}}^{\mathrm{T}}(\hat{\boldsymbol{\rho}}) - \boldsymbol{Y}^{\mathrm{T}}(\hat{\boldsymbol{\rho}}))^{-1}\boldsymbol{V} \\
&\boldsymbol{D}_{fi}(\hat{\boldsymbol{\rho}}) = \boldsymbol{D}_{fi}(\hat{\boldsymbol{\rho}})
\end{aligned}\right\} \tag{6.15}$$

$$\boldsymbol{K}_i(\hat{\boldsymbol{\rho}}) = (\boldsymbol{B}^{\mathrm{T}}\boldsymbol{B})^{-1}\boldsymbol{B}^{\mathrm{T}}\bar{\boldsymbol{X}}^{-1}(\hat{\boldsymbol{\rho}})\boldsymbol{M}_i(\hat{\boldsymbol{\rho}})(\bar{\boldsymbol{X}}(\hat{\boldsymbol{\rho}}) - \boldsymbol{Y}(\hat{\boldsymbol{\rho}}))^{-1}\boldsymbol{V} \tag{6.16}$$

证明：对闭环系统式(6.6)，令 $\boldsymbol{f}(t)=0$。选择闭环系统式(6.6)子系统的参数依赖的类 Lyapunov 函数为

$$\boldsymbol{V}_{1i}(t,\hat{\boldsymbol{\rho}}) = \bar{\boldsymbol{x}}^{\mathrm{T}}(t)\boldsymbol{P}_i(\hat{\boldsymbol{\rho}})\bar{\boldsymbol{x}}(t) = \bar{\boldsymbol{x}}^{\mathrm{T}}(t)\begin{bmatrix} \boldsymbol{P}_{11}^i(\hat{\boldsymbol{\rho}}) & \boldsymbol{P}_{12}^i(\hat{\boldsymbol{\rho}}) \\ * & \boldsymbol{P}_{22}^i(\hat{\boldsymbol{\rho}}) \end{bmatrix}\bar{\boldsymbol{x}}(t) \tag{6.17}$$

令 $\boldsymbol{F}_1(t) = \boldsymbol{r}^{\mathrm{T}}(t)\boldsymbol{r}(t) - \gamma_1^2\boldsymbol{d}^{\mathrm{T}}(t)\boldsymbol{d}(t)$。沿闭环系统式(6.6)的轨线对 $\boldsymbol{V}_{1i}(t,\hat{\boldsymbol{\rho}})$ 求导数。要使不等式

$$\dot{V}_{1i}(t,\hat{\boldsymbol{\rho}})+\lambda_i V_{1i}(t,\hat{\boldsymbol{\rho}})+F_1(t)<0 \tag{6.18}$$

成立，只需要满足下面的条件：

$$\begin{bmatrix}\begin{pmatrix}\mathrm{He}\{\bar{A}_i^{\mathrm{T}}(\boldsymbol{\rho},\hat{\boldsymbol{\rho}})P_i(\hat{\boldsymbol{\rho}})\}\\+\lambda_i P_i(\hat{\boldsymbol{\rho}})+\dot{P}_i(\hat{\boldsymbol{\rho}})\end{pmatrix} & * \\ \bar{B}_i^{\mathrm{T}}(\boldsymbol{\rho},\hat{\boldsymbol{\rho}})P_i^{\mathrm{T}}(\hat{\boldsymbol{\rho}}) & -\gamma_1^2 I\end{bmatrix}+\begin{bmatrix}\bar{C}_i^{\mathrm{T}}(\boldsymbol{\rho},\hat{\boldsymbol{\rho}})\\ \bar{D}_i^{\mathrm{T}}(\boldsymbol{\rho},\hat{\boldsymbol{\rho}})\end{bmatrix}\begin{bmatrix}\bar{C}_i(\boldsymbol{\rho},\hat{\boldsymbol{\rho}}) & \bar{D}_i(\boldsymbol{\rho},\hat{\boldsymbol{\rho}})\end{bmatrix}<0 \tag{6.19}$$

对不等式(6.19)进行一些代数运算得到

$$J_{1i}^{\mathrm{T}}(\boldsymbol{\rho},\hat{\boldsymbol{\rho}})H_i(\boldsymbol{\rho},\hat{\boldsymbol{\rho}})J_{1i}(\boldsymbol{\rho},\hat{\boldsymbol{\rho}})<0 \tag{6.20}$$

其中，$J_{1i}(\boldsymbol{\rho},\hat{\boldsymbol{\rho}})$ 和 $H_i(\boldsymbol{\rho},\hat{\boldsymbol{\rho}})$ 为下面的形式：

$$J_{1i}(\boldsymbol{\rho},\hat{\boldsymbol{\rho}})=\begin{bmatrix}\bar{A}_i & \bar{B}_i\\ I & 0\\ 0 & I\end{bmatrix},H_i(\boldsymbol{\rho},\hat{\boldsymbol{\rho}})=\begin{bmatrix}0 & P_i(\hat{\boldsymbol{\rho}}) & 0\\ * & \lambda_i P_i(\hat{\boldsymbol{\rho}})+\dot{P}_i(\hat{\boldsymbol{\rho}})+\bar{C}_i^{\mathrm{T}}\bar{C}_i & \bar{C}_i^{\mathrm{T}}\bar{D}_i\\ * & * & \bar{C}_i^{\mathrm{T}}\bar{D}_i-\gamma_1^2 I\end{bmatrix}$$

根据引理 2.4，如果不等式(6.20)成立，只需要对给定的 $J_{1i}^{\perp}(\boldsymbol{\rho},\hat{\boldsymbol{\rho}})$，$J_2$ 和给定的对称矩阵 $\boldsymbol{\Lambda}$ 有下面的不等式

$$H_i(\boldsymbol{\rho},\hat{\boldsymbol{\rho}})+J_{1i}^{\perp}(\boldsymbol{\rho},\hat{\boldsymbol{\rho}})\boldsymbol{\Lambda}J_2+J_2^{\mathrm{T}}\boldsymbol{\Lambda}^{\mathrm{T}}J_{1i}^{\perp\mathrm{T}}(\boldsymbol{\rho},\hat{\boldsymbol{\rho}})<0 \tag{6.21}$$

成立。其中，$J_{1i}^{\perp}(\boldsymbol{\rho},\hat{\boldsymbol{\rho}})$ 是矩阵 $J_{1i}(\boldsymbol{\rho},\hat{\boldsymbol{\rho}})$ 的正交补。接下来寻求保证不等式(6.21)成立的条件。

取 $J_{1i}^{\perp}(\boldsymbol{\rho},\hat{\boldsymbol{\rho}})=[-I\quad \bar{A}_i(\boldsymbol{\rho},\hat{\boldsymbol{\rho}})\quad \bar{B}_i(\boldsymbol{\rho},\hat{\boldsymbol{\rho}})]^{\mathrm{T}}$ 和 $J_2=[I\quad I\quad 0]$，则由不等式(6.21)，可得到下面的不等式：

$$\begin{bmatrix}-\mathrm{He}\{\boldsymbol{\Lambda}\} & P_i(\hat{\boldsymbol{\rho}})-\boldsymbol{\Lambda}+\boldsymbol{\Lambda}\bar{A}_i & \boldsymbol{\Lambda}^{\mathrm{T}}\bar{B}_i & 0\\ * & \mathrm{He}\{\boldsymbol{\Lambda}^{\mathrm{T}}\bar{A}_i\}+\lambda_i P_i(\hat{\boldsymbol{\rho}})+\dot{P}_i(\hat{\boldsymbol{\rho}}) & \boldsymbol{\Lambda}^{\mathrm{T}}\bar{B}_i & \bar{C}_i^{\mathrm{T}}\\ * & * & -\gamma_1^2 I & \bar{D}_i^{\mathrm{T}}\\ * & * & * & -I\end{bmatrix}<0 \tag{6.22}$$

因为 $\bar{X}(\hat{\boldsymbol{\rho}})$ 和 $Y(\hat{\boldsymbol{\rho}})-\bar{X}(\hat{\boldsymbol{\rho}})$ 是非奇异的矩阵，令 $\bar{X}(\hat{\boldsymbol{\rho}})=X^{-1}(\hat{\boldsymbol{\rho}})$，得到

$$\begin{bmatrix}Y(\hat{\boldsymbol{\rho}}) & I\\ * & X(\hat{\boldsymbol{\rho}})\end{bmatrix}>0$$

构造矩阵

$$\boldsymbol{\Lambda}(\hat{\boldsymbol{\rho}})=\begin{bmatrix}Y(\hat{\boldsymbol{\rho}}) & V\\ * & \hat{Y}(\hat{\boldsymbol{\rho}})\end{bmatrix},\quad \boldsymbol{\Gamma}(\hat{\boldsymbol{\rho}})=\begin{bmatrix}X(\hat{\boldsymbol{\rho}}) & U(\hat{\boldsymbol{\rho}})\\ * & \hat{X}(\hat{\boldsymbol{\rho}})\end{bmatrix}$$

令 $\boldsymbol{\Lambda}(\hat{\boldsymbol{\rho}})^{-1}=\boldsymbol{\Gamma}(\hat{\boldsymbol{\rho}})$ 并应用引理 2.3，得到

$$U(\hat{\boldsymbol{\rho}})=(I-X(\hat{\boldsymbol{\rho}})Y(\hat{\boldsymbol{\rho}}))V^{-\mathrm{T}}$$

选择如下形式的矩阵：

$$\boldsymbol{\Delta}_1=\begin{bmatrix}Y(\hat{\boldsymbol{\rho}}) & I\\ V^{\mathrm{T}} & 0\end{bmatrix},\quad \boldsymbol{\Delta}_2=\begin{bmatrix}I & 0\\ * & \bar{X}(\hat{\boldsymbol{\rho}})\end{bmatrix},\boldsymbol{\Omega}=\boldsymbol{\Gamma}\boldsymbol{\Delta}_1\boldsymbol{\Delta}_2$$

显然矩阵 $\boldsymbol{\Delta}_1$ 和 $\boldsymbol{\Delta}_2$ 是列满秩矩阵。对不等式(6.22)左乘 $\mathrm{diag}\{\boldsymbol{\Omega}^{\mathrm{T}},\boldsymbol{\Omega}^{\mathrm{T}},I,I\}$，并右乘 $\mathrm{diag}\{\boldsymbol{\Omega},\boldsymbol{\Omega},I,I\}$，得到不等式：

$$\begin{bmatrix} -\mathrm{He}\{\boldsymbol{\Phi}_1\} & \bar{\boldsymbol{P}}_i(\hat{\boldsymbol{\rho}})-\boldsymbol{\Phi}_1+\widetilde{\boldsymbol{A}}_i & \widetilde{\boldsymbol{B}}_i & 0 \\ * & \mathrm{He}\{\widetilde{\boldsymbol{A}}_i\}+\lambda_i\bar{\boldsymbol{P}}_i(\hat{\boldsymbol{\rho}})+\dot{\bar{\boldsymbol{P}}}_i(\hat{\boldsymbol{\rho}}) & \widetilde{\boldsymbol{B}}_i & \widetilde{\boldsymbol{C}}_i^{\mathrm{T}} \\ * & * & -\gamma_1^2\boldsymbol{I} & \bar{\boldsymbol{D}}_i^{\mathrm{T}} \\ * & * & * & -\boldsymbol{I} \end{bmatrix}<0 \tag{6.23}$$

其中

$$\begin{cases} \boldsymbol{\Phi}_1=\boldsymbol{\Omega}^{\mathrm{T}}\boldsymbol{\Lambda}\boldsymbol{\Omega}=\begin{bmatrix} \boldsymbol{Y}(\hat{\boldsymbol{\rho}}) & \bar{\boldsymbol{X}}(\hat{\boldsymbol{\rho}}) \\ \bar{\boldsymbol{X}}(\hat{\boldsymbol{\rho}}) & \bar{\boldsymbol{X}}(\hat{\boldsymbol{\rho}}) \end{bmatrix} \\ \bar{\boldsymbol{P}}_i(\hat{\boldsymbol{\rho}})=\boldsymbol{\Omega}^{\mathrm{T}}\boldsymbol{P}_i(\hat{\boldsymbol{\rho}})\boldsymbol{\Omega} \\ \widetilde{\boldsymbol{A}}_i(\boldsymbol{\rho},\hat{\boldsymbol{\rho}})=\boldsymbol{\Omega}^{\mathrm{T}}\boldsymbol{\Lambda}^{\mathrm{T}}\bar{\boldsymbol{A}}_i(\boldsymbol{\rho},\hat{\boldsymbol{\rho}})\boldsymbol{\Omega} \\ \widetilde{\boldsymbol{B}}_i(\boldsymbol{\rho},\hat{\boldsymbol{\rho}})=\boldsymbol{\Omega}^{\mathrm{T}}\boldsymbol{\Lambda}^{\mathrm{T}}\bar{\boldsymbol{B}}_i(\boldsymbol{\rho},\hat{\boldsymbol{\rho}}) \\ \widetilde{\boldsymbol{C}}_i(\boldsymbol{\rho},\hat{\boldsymbol{\rho}})=\bar{\boldsymbol{C}}_i(\boldsymbol{\rho},\hat{\boldsymbol{\rho}})\boldsymbol{\Omega} \end{cases}$$

取下面的式子进行代换：

$$\begin{cases} \bar{\boldsymbol{P}}_{11}^i(\hat{\boldsymbol{\rho}})=\boldsymbol{P}_{11}^i(\hat{\boldsymbol{\rho}}) \\ \bar{\boldsymbol{P}}_{12}^i(\hat{\boldsymbol{\rho}})=\boldsymbol{P}_{12}^i(\hat{\boldsymbol{\rho}})\boldsymbol{U}^{\mathrm{T}}(\hat{\boldsymbol{\rho}})\bar{\boldsymbol{X}}(\hat{\boldsymbol{\rho}}) \\ \bar{\boldsymbol{P}}_{22}^i(\hat{\boldsymbol{\rho}})=\bar{\boldsymbol{X}}^{\mathrm{T}}(\hat{\boldsymbol{\rho}})\boldsymbol{U}(\hat{\boldsymbol{\rho}})\boldsymbol{P}_{22}^i(\hat{\boldsymbol{\rho}})\boldsymbol{U}^{\mathrm{T}}(\hat{\boldsymbol{\rho}})\bar{\boldsymbol{x}}(\hat{\boldsymbol{\rho}}) \\ \boldsymbol{M}_i(\hat{\boldsymbol{\rho}})=\bar{\boldsymbol{X}}^{\mathrm{T}}(\hat{\boldsymbol{\rho}})\boldsymbol{B}_i\boldsymbol{K}_i(\hat{\boldsymbol{\rho}})\boldsymbol{U}^{\mathrm{T}}(\hat{\boldsymbol{\rho}})\bar{\boldsymbol{X}}(\hat{\boldsymbol{\rho}}) \\ \boldsymbol{N}_i(\hat{\boldsymbol{\rho}})=\boldsymbol{Y}(\hat{\boldsymbol{\rho}})\boldsymbol{B}_i\boldsymbol{K}_i(\hat{\boldsymbol{\rho}})\boldsymbol{U}^{\mathrm{T}}(\hat{\boldsymbol{\rho}})\bar{\boldsymbol{X}}(\hat{\boldsymbol{\rho}})+\boldsymbol{V}\boldsymbol{A}_{fi}(\hat{\boldsymbol{\rho}})\boldsymbol{U}^{\mathrm{T}}(\hat{\boldsymbol{\rho}})\bar{\boldsymbol{X}}(\hat{\boldsymbol{\rho}}) \\ \boldsymbol{Q}_i(\hat{\boldsymbol{\rho}})=\boldsymbol{C}_{fi}(\hat{\boldsymbol{\rho}})\boldsymbol{U}^{\mathrm{T}}(\hat{\boldsymbol{\rho}})\bar{\boldsymbol{X}}(\hat{\boldsymbol{\rho}}) \\ \boldsymbol{T}_i(\hat{\boldsymbol{\rho}})=\boldsymbol{V}\boldsymbol{B}_{fi}(\hat{\boldsymbol{\rho}}) \\ \bar{\boldsymbol{P}}_i(\hat{\boldsymbol{\rho}})=\begin{bmatrix} \bar{\boldsymbol{P}}_{11}^i(\hat{\boldsymbol{\rho}}) & \bar{\boldsymbol{P}}_{11}^i(\hat{\boldsymbol{\rho}})+\bar{\boldsymbol{P}}_{12}^i(\hat{\boldsymbol{\rho}}) \\ * & \bar{\boldsymbol{P}}_{11}^i(\hat{\boldsymbol{\rho}})+\mathrm{He}\{\bar{\boldsymbol{P}}_{12}^i(\hat{\boldsymbol{\rho}})\}+\bar{\boldsymbol{P}}_{22}^i(\hat{\boldsymbol{\rho}}) \end{bmatrix} \end{cases}$$

应用 Schur 补引理，可知不等式(6.12)能保证不等式(6.19)成立。因此，不等式(6.12)能保证

$$\dot{\boldsymbol{V}}_{1i}(t,\hat{\boldsymbol{\rho}})+\lambda_i\boldsymbol{V}_{1i}(t,\hat{\boldsymbol{\rho}})+\boldsymbol{F}_1(t)<0$$

成立。

接下来，考虑当 $\boldsymbol{d}(t)=0,\boldsymbol{f}(t)=0$ 时，系统式(6.6)的稳定性，并进一步研究 L_2 增益不等式(6.7)。

对 $\forall\, T>0$，令 $t_0=0$ 并用 $t_1,t_2,\cdots,t_i,\cdots,t_{N_\sigma(0,T)}$ 表示在区间 $[0,T]$ 上的切换时刻，其中 $N_\sigma(0,T)=\sum_{i=1}^{m}N_i(0,T)$。当 $\forall\, t\in[t_i,t_{i+1})$ 时，对式(6.18)两端积分得到

$$\boldsymbol{V}_{1\sigma(t_i)}(\bar{\boldsymbol{x}}(t))\leqslant e^{-\lambda_{\sigma(t_i)}(t_i-t)}\boldsymbol{V}_{1\sigma(t_i)}(\bar{\boldsymbol{x}}(t))-\int_{t_i}^{t}e^{-\lambda_{\sigma(t_i)}(t_i-\tau)}\boldsymbol{F}_1(\tau)\mathrm{d}\tau \tag{6.24}$$

利用文献[136]中的定理 1 的思想，由式(6.24)和式(6.13)得到

$$
\begin{aligned}
&\boldsymbol{V}_{1\sigma(T)}(\bar{\boldsymbol{x}}(T)) \\
&\leqslant e^{-\lambda_{\sigma(t_{N_\sigma(0,T)})}(T-t_{N_\sigma(0,T)})}\boldsymbol{V}_{1\sigma(t_{N_\sigma(0,T)})}(\bar{\boldsymbol{x}}(t_{N_\sigma(0,T)}))- \\
&\int_{t_{N_\sigma(0,T)}}^{T} e^{-\lambda_{\sigma(t_{N_\sigma(0,T)})}(T-\tau)}\boldsymbol{F}_1(\tau)\mathrm{d}\tau \leqslant \\
&\mu_{\sigma(t_{N_\sigma(0,T)})} e^{-\lambda_{\sigma(t_{N_\sigma(0,T)})}(T-t_{N_\sigma(0,T)})}\boldsymbol{V}_{1\sigma(t_{(N_\sigma(0,T)-1)})}(\bar{\boldsymbol{x}}(t^-_{N_\sigma(0,T)}))- \\
&\int_{t_{N_\sigma(0,T)}}^{T} e^{-\lambda_{\sigma(t_{N_\sigma(0,T)})}(T-\tau)}\boldsymbol{F}_1(\tau)\mathrm{d}\tau \leqslant \\
&\mu_{\sigma(t_{N_\sigma(0,T)})} e^{-\lambda_{\sigma(t_{N_\sigma(0,T)})}(T-t_{N_\sigma(0,T)})} \times \\
&\{e^{\{-\lambda_{\sigma(t_{N_\sigma(0,T)-1})}(t_{N_\sigma(0,T)}-t_{N_\sigma(0,T)-1})\}}\boldsymbol{V}_{1\sigma(t_{N_\sigma(0,T)-1})}(\bar{\boldsymbol{x}}(t_{N_\sigma(0,T)-1}))- \\
&\int_{t_{N_\sigma(0,T)-1}}^{t_{N_\sigma(0,T)}} e^{\{-\lambda_{\sigma(t_{N_\sigma(0,T)-1})}(t_{N_\sigma(0,T)-1}-\tau)\}}\boldsymbol{F}_1(\tau)\mathrm{d}\tau\}- \\
&\int_{t_{N_\sigma(0,T)}}^{T} e^{\{-\lambda_{\sigma(t_{N_\sigma(0,T)})}(T-\tau)\}}\boldsymbol{F}_1(\tau)\mathrm{d}\tau \leqslant \\
&\prod_{j=0}^{N_\sigma(0,T)-1}\mu_\sigma(t_{j+1})e^{\{-\sum\limits_{j=0}^{N_\sigma(0,T)-1}[(\lambda_{\sigma(t_{j+1})}-\lambda_{\sigma(t_j)})t_{j+1}]-\lambda_{\sigma(t_{N_\sigma(0,T)})}T+\lambda_{\sigma(t_0)}\}}\boldsymbol{V}_{\sigma(0)}(\bar{\boldsymbol{x}}(0))+ \\
&\int_0^T\prod_{i=1}^{m}\mu_i^{N_{\sigma_i}(\tau,T)}e^{\{-\sum\limits_{i=1}^{m}\lambda_i T_i(\tau,T)\}}\boldsymbol{\Gamma}_1(\tau)\mathrm{d}\tau = \\
&\prod_{i=1}^{m}\mu_i^{N_{\sigma i}(0,T)}e^{\{-\sum\limits_{i=1}^{m}[\lambda_i\sum\limits_{S\in\Psi(i)}(t_{s+1}-t_s)]-\lambda_{\sigma(t_{N_\sigma(0,T)})}(T-t_{N_{\sigma(0,T)}})\}}\boldsymbol{V}_{1\sigma(0)}(\bar{\boldsymbol{x}}(0))- \\
&\int_0^T\prod_{i=1}^{m}\mu_i^{N_{\sigma i}(\tau,T)}e^{\{-\sum\limits_{i=1}^{m}\lambda_i T_i(\tau,T)\}}\boldsymbol{F}_1(\tau)\mathrm{d}\tau
\end{aligned}
$$

其中，$\Psi(i)$表示满足 $\sigma(t_s)=i,t_s\in\{t_0,t_1,\cdots,t_{N_{\sigma-1}}\}$的集合，并且有 $t_0=0$。由定义 6.1，如果存在常数 $\tau_{ai},i\in\mathbf{Z}_m$ 满足式(6.14)，则有

$$
\begin{aligned}
\boldsymbol{V}_{1\sigma(T)}(\bar{\boldsymbol{x}}(T)) \leqslant\ & e^{\{\sum\limits_{i=1}^{m}N_{0i}\ln\mu_i\}}e^{\{\sum\limits_{i=1}^{m}\frac{T_i(0,T)}{\tau_{ai}}\ln\mu_i-\sum\limits_{i=1}^{m}\lambda_i T_i(0,T)\}}\boldsymbol{V}_{1\sigma(0)}(\bar{\boldsymbol{x}}(0))- \\
&\int_0^T\prod_{i=1}^{m}\mu_i^{N_{\sigma i}(\tau,T)}e^{\{-\sum\limits_{i=1}^{m}\lambda_i T_i(\tau,T)\}}\boldsymbol{F}_1(\tau)\mathrm{d}\tau
\end{aligned} \tag{6.25}
$$

当 $\boldsymbol{d}(t)=0$ 和 $\boldsymbol{F}_1(\tau)=0$ 时，对$\forall\tau\in[0,T)$得到

$$
\boldsymbol{V}_{1\sigma(T)}(\bar{\boldsymbol{x}}(T)) \leqslant e^{\{\sum\limits_{i=1}^{m}N_{0i}\ln\mu_i\}}\times e^{\{\max\limits_{i\in M}(\frac{\ln\mu_i}{\tau_{ai}}-\lambda_i)T\}}\boldsymbol{V}_{1\sigma(0)}(\bar{\boldsymbol{x}}(0)) \tag{6.26}
$$

由式(6.17)，令 $\varepsilon_1=\min\limits_{i\in\mathbf{Z}_m}\lambda_{\min}(\boldsymbol{P}_i(\hat{\boldsymbol{\rho}}))$，$\varepsilon_2=\max\limits_{i\in M}\boldsymbol{\lambda}_{\max}(\boldsymbol{P}_i(\hat{\boldsymbol{\rho}}))$，由不等式(6.26)得到

$$
\varepsilon_1\|\bar{\boldsymbol{x}}(T)\|^2 \leqslant e^{\{\sum\limits_{i=1}^{m}N_{0i}\ln\mu_i\}}\times e^{\{\max\limits_{i\in M}(\frac{\ln\mu_i}{\tau_{ai}}-\lambda_i)T\}}\varepsilon_2\|\bar{\boldsymbol{x}}(0)\|^2 \tag{6.27}
$$

另外，取 $\alpha=\sqrt{\varepsilon_2/\varepsilon_1}e^{\{\frac{1}{2}\sum\limits_{i=1}^{m}N_{0i}\ln\mu_i\}}$，$\delta=-\dfrac{1}{2}\{\max\limits_{i\in M}(\dfrac{\ln\mu_i}{\tau_{ai}}-\lambda_i)\}$，由不等式(6.27)，得到系统式(6.6)的状态满足 $\|\bar{\boldsymbol{x}}(T)\|\leqslant\alpha e^{-\delta T}\|\bar{\boldsymbol{x}}(0)\|$，$\forall T\geqslant0$，即当 $\boldsymbol{d}(t)=0$ 和 $\boldsymbol{f}(t)=0$ 时，系统式(6.6)是指数稳定的。当 $\boldsymbol{d}(t)\neq0$，$\boldsymbol{f}(t)=0$ 时，研究在 MDADT 切换规则下加权的 L_2 增益。根据零初始条件，不等式(6.25)可变为

$$\boldsymbol{V}_{1\sigma(T)}(\bar{\boldsymbol{x}}(T)) \leqslant -\int_0^T \prod_{i=1}^m \mu_i^{N_{\sigma i}(\tau,T)} \mathrm{e}^{-\sum_{i=1}^m \lambda_i T_i(\tau,T)} \boldsymbol{F}_1(\tau)\mathrm{d}\tau \tag{6.28}$$

不等式(6.28)两端同乘 $\mathrm{e}^{-\sum_{i=1}^m N_{\sigma i}(0,T)\ln\mu_i}$，得到

$$\mathrm{e}^{-\sum_{i=1}^m N_{\sigma i}(0,T)\ln\mu_i} \boldsymbol{V}_{1\sigma(T)}(\bar{\boldsymbol{x}}(T)) + \int_0^T e^{\left\{\sum_{i=1}^m [-N_{\sigma i}(0,\tau)\ln\mu_i - \lambda_i T_i(\tau,T)]\right\}} \boldsymbol{F}_1(\tau)\mathrm{d}\tau \leqslant 0 \tag{6.29}$$

因为 $\boldsymbol{V}_{1\sigma(T)}(\bar{\boldsymbol{x}}(T)) \geqslant 0$，由式(6.29)有

$$\begin{aligned} &\int_0^T \mathrm{e}^{\sum_{i=1}^m [-N_{\sigma i}(0,\tau)\ln\mu_i - \lambda_i T_i(0,T)]} \boldsymbol{r}^{\mathrm{T}}(\tau)\boldsymbol{r}(\tau)\mathrm{d}\tau \\ &\leqslant \gamma_1^2 \int_0^T \mathrm{e}^{\sum_{i=1}^m [-N_{\sigma i}(0,\tau)\ln\mu_i - \lambda_i T_i(\tau,T)]} \boldsymbol{d}^{\mathrm{T}}(\tau)\boldsymbol{d}(\tau)\mathrm{d}\tau \end{aligned} \tag{6.30}$$

成立。由定义 6.1 和式(6.14)，对 $\forall \tau > 0, i \in \mathbf{Z}_m$，有

$$N_{\sigma i}(0,\tau)\ln\mu_i \leqslant N_{0i}\ln\mu_i + \lambda_i T_i(0,\tau)$$

结合式(6.30)得到

$$\begin{aligned} &\int_0^T \mathrm{e}^{\sum_{i=1}^m (-N_{0i}(0,\tau)\ln\mu_i)} e^{(-\lambda_i T_i(0,T))} \boldsymbol{r}^{\mathrm{T}}(\tau)\boldsymbol{r}(\tau)\mathrm{d}\tau \\ &\leqslant \gamma_1^2 \int_0^T \mathrm{e}^{(-\sum_{i=1}^m \lambda_i T_i(\tau,T))} \boldsymbol{d}^{\mathrm{T}}(\tau)\boldsymbol{d}(\tau)\mathrm{d}\tau \end{aligned} \tag{6.31}$$

令 $\varepsilon = \sum_{i=1}^m (N_{0i}\ln\mu_i)$，$\delta_1 = \max_{i\in M}\lambda_i$，$\delta_2 = \min_{i\in M}\lambda_i$，得到

$$\int_0^T \mathrm{e}^{-\varepsilon}\mathrm{e}^{-\delta_1 T}\boldsymbol{r}^{\mathrm{T}}(\tau)\boldsymbol{r}(\tau)\mathrm{d}\tau \leqslant \gamma_1^2 \int_0^T \mathrm{e}^{-\delta_2(T-\tau)}\boldsymbol{d}^{\mathrm{T}}(\tau)\boldsymbol{d}(\tau)\boldsymbol{d}\tau \tag{6.32}$$

对不等式(6.32)两端从 $T=0\sim+\infty$ 积分(并重新安排二重积分区域)，并令 $\beta=\dfrac{\delta_2}{\delta_1}\mathrm{e}^{-\varepsilon}$，$\eta=\delta_1$，得到

$$\int_0^{+\infty} \beta\mathrm{e}^{-\eta t}\boldsymbol{r}^{\mathrm{T}}(t)\boldsymbol{r}(t)\mathrm{d}t \leqslant \gamma_1^2 \int_0^{+\infty} \boldsymbol{d}^{\mathrm{T}}(t)\boldsymbol{d}(t)\mathrm{d}t \tag{6.33}$$

综上可知，如果不等式(6.12)和不等式(6.13)成立，可以得到故障检测的滤波器和控制器矩阵。对任意的满足驻留时间式(6.14)的切换信号，在设计的控制器的作用下，当 $\boldsymbol{d}(t)=0$，$\boldsymbol{f}(t)=0$ 时由不等式(6.27)可知系统式(6.6)是指数稳定的。由不等式(6.33)可知当 $\boldsymbol{d}(t)\neq 0$，$\boldsymbol{f}(t)=0$ 时，加权的 L_2 增益不等式成立。证毕。

注 6.3　对一般的平均驻留时间切换方法，λ_i，μ_i 对不同的子系统是相同的，而对于模型依赖的平均驻留时间切换方法，λ_i，μ_i 对不同的子系统可以是不同的。可以知道 $\tau_{ai}^* \leqslant \tau_a$，$\forall i \in \mathbf{Z}_m$，这里 τ_a 表示一般的平均驻留时间。因此，模型依赖的平均驻留时间切换方法比一般的平均驻留时间切换方法更宽松。

接下来，在满足 MDADT 切换规则的条件下给出下面的充分条件。

定理 6.2　对给定的标量参数 $\lambda_i > 0$，$\mu_i > 1$ 和任意的非奇异矩阵 $\boldsymbol{V}$，如果存在正定矩阵 $\bar{\hat{\boldsymbol{P}}}_{11}^i(\hat{\boldsymbol{\rho}})$，$\bar{\hat{\boldsymbol{P}}}_{22}^i(\hat{\boldsymbol{\rho}})$，$\boldsymbol{Y}(\hat{\boldsymbol{\rho}})$，$\bar{\boldsymbol{X}}(\hat{\boldsymbol{\rho}})$ 和矩阵 $\boldsymbol{D}_{fi}(\hat{\boldsymbol{\rho}})$，$\boldsymbol{M}_i(\hat{\boldsymbol{\rho}})$，$\boldsymbol{N}_i(\hat{\boldsymbol{\rho}})$，$\bar{\hat{\boldsymbol{P}}}_{12}^i(\hat{\boldsymbol{\rho}})$，$\boldsymbol{Q}_i(\hat{\boldsymbol{\rho}})$，$\boldsymbol{T}_i(\hat{\boldsymbol{\rho}})$，$\forall i,j \in \mathbf{Z}_m$，$i\neq j$，使得下面的不等式

$$\begin{bmatrix} -\mathrm{He}\{\boldsymbol{\Phi}_1\} & \hat{\boldsymbol{\gamma}}_{12i} & 0 & \hat{\boldsymbol{\gamma}}_{14i} \\ * & \hat{\boldsymbol{\gamma}}_{22i} & \hat{\boldsymbol{\gamma}}_{23i} & \hat{\boldsymbol{\gamma}}_{24i} \\ * & * & -2\boldsymbol{I} & \hat{\boldsymbol{\gamma}}_{34i} \\ * & * & * & \hat{\boldsymbol{\gamma}}_{44i} \end{bmatrix} < 0 \tag{6.34}$$

$$\overline{\boldsymbol{P}}_i(\hat{\boldsymbol{\rho}}) \leqslant \mu_i \overline{\boldsymbol{P}}_j(\hat{\boldsymbol{\rho}}) \tag{6.35}$$

成立。其中

$$\begin{cases} \hat{\boldsymbol{\gamma}}_{12i} = \overline{\boldsymbol{P}}_i - \boldsymbol{\Phi}_1 + \boldsymbol{\Psi}_{1i}(\boldsymbol{\rho},\hat{\boldsymbol{\rho}}) \\ \hat{\boldsymbol{\gamma}}_{14i} = \begin{bmatrix} \boldsymbol{Y}(\hat{\boldsymbol{\rho}})\boldsymbol{F}_{1i}(\boldsymbol{\rho}) + \boldsymbol{T}_i(\hat{\boldsymbol{\rho}})\boldsymbol{F}_{2i}(\boldsymbol{\rho}) \\ \bar{\boldsymbol{X}}(\hat{\boldsymbol{\rho}})\boldsymbol{F}_{1i}(\boldsymbol{\rho}) \end{bmatrix} \\ \hat{\boldsymbol{\gamma}}_{22i} = \mathrm{He}\{\boldsymbol{\Psi}_{1i}(\boldsymbol{\rho},\hat{\boldsymbol{\rho}})\} + \lambda_i \overline{\boldsymbol{P}}_i(\hat{\boldsymbol{\rho}}) + \dot{\overline{\boldsymbol{P}}}_i(\hat{\boldsymbol{\rho}}) - \mathrm{He}\{\bar{\boldsymbol{v}}_{1i}\boldsymbol{\gamma}_{24i}^{\mathrm{T}}\} \\ \hat{\boldsymbol{\gamma}}_{23i} = \bar{\boldsymbol{v}}_{1i} + \dfrac{1}{2}\boldsymbol{\gamma}_{24i} \\ \hat{\boldsymbol{\gamma}}_{24i} = \hat{\boldsymbol{\gamma}}_{14i} - \bar{\boldsymbol{v}}_{1i}\boldsymbol{D}_{fi}(\hat{\boldsymbol{\rho}})\boldsymbol{F}_{2i}(\boldsymbol{\rho}) - \boldsymbol{\gamma}_{24i}\boldsymbol{v}_{3i}^{\mathrm{T}} \\ \hat{\boldsymbol{\gamma}}_{34i} = \dfrac{1}{2}\boldsymbol{D}_{fi}(\hat{\boldsymbol{\rho}})\boldsymbol{F}_{2i}(\boldsymbol{\rho}) + \boldsymbol{v}_{3i}^{\mathrm{T}} \\ \hat{\boldsymbol{\gamma}}_{44i} = \gamma_2^2\boldsymbol{I} - \mathrm{He}\{\boldsymbol{v}_{3i}\boldsymbol{D}_{fi}(\hat{\boldsymbol{\rho}})\boldsymbol{F}_{2i}(\boldsymbol{\rho})\} \\ \overline{\boldsymbol{P}}_{11i}(\hat{\boldsymbol{\rho}}) = \hat{\boldsymbol{P}}_{11i}(\hat{\boldsymbol{\rho}}) \\ \overline{\boldsymbol{P}}_{12i}(\hat{\boldsymbol{\rho}}) = \hat{\boldsymbol{P}}_{12i}(\hat{\boldsymbol{\rho}})\boldsymbol{U}^{\mathrm{T}}(\hat{\boldsymbol{\rho}})\bar{\boldsymbol{X}}(\hat{\boldsymbol{\rho}}) \\ \overline{\boldsymbol{P}}_{22i}(\hat{\boldsymbol{\rho}}) = \bar{\boldsymbol{X}}^{\mathrm{T}}(\hat{\boldsymbol{\rho}})\boldsymbol{U}(\hat{\boldsymbol{\rho}})\hat{\boldsymbol{P}}_{22i}(\hat{\boldsymbol{\rho}})\boldsymbol{U}^{\mathrm{T}}(\hat{\boldsymbol{\rho}})\bar{\boldsymbol{X}}(\hat{\boldsymbol{\rho}}) \end{cases}$$

并且

$$\overline{\boldsymbol{P}}_i(\hat{\boldsymbol{\rho}}) = \begin{bmatrix} \overline{\boldsymbol{P}}_{11i}(\hat{\boldsymbol{\rho}}) & \overline{\boldsymbol{P}}_{11i}(\hat{\boldsymbol{\rho}}) + \overline{\boldsymbol{P}}_{12i}(\hat{\boldsymbol{\rho}}) \\ * & \overline{\boldsymbol{P}}_{11i}(\hat{\boldsymbol{\rho}}) + \mathrm{He}\{\overline{\boldsymbol{P}}_{12i}(\hat{\boldsymbol{\rho}})\} + \overline{\boldsymbol{P}}_{22i}(\hat{\boldsymbol{\rho}}) \end{bmatrix}$$

此处 $\bar{\boldsymbol{v}}_{1i}^{\mathrm{T}} = [\boldsymbol{v}_{1i}^{\mathrm{T}} \quad \boldsymbol{v}_{2i}^{\mathrm{T}}]$和 $\boldsymbol{v}_{3i}$是给定的调整参数。那么当 $\boldsymbol{d}(t)=0, \boldsymbol{f}(t)=0$ 时,对任意模型依赖平均驻留时间满足式(6.14)的切换规则,在设计的控制器作用下,闭环系统式(6.6)是指数稳定的。当扰动信号和故障信号满足 $\boldsymbol{d}(t)=0, \boldsymbol{f}(t)\neq 0$时,有不等式(6.8)成立。此外,滤波器和控制器矩阵可以分别由式(6.15)和式(6.16)得到。

证明:令 $\boldsymbol{d}(t)=0$。选择闭环系统式(6.6)子系统的参数依赖的类 Lyapunov 函数为

$$\boldsymbol{V}_{2i}(t,\hat{\boldsymbol{\rho}}) = \bar{\boldsymbol{x}}^{\mathrm{T}}(t)\hat{\boldsymbol{P}}_i(\hat{\boldsymbol{\rho}})\bar{\boldsymbol{x}}(t) = \bar{\boldsymbol{x}}^{\mathrm{T}}(t)\begin{bmatrix} \hat{\boldsymbol{P}}i_{11}(\hat{\boldsymbol{\rho}}) & \hat{\boldsymbol{P}}_{12}^{i}(\hat{\boldsymbol{\rho}}) \\ * & \hat{\boldsymbol{P}}_{22}^{i}(\hat{\boldsymbol{\rho}}) \end{bmatrix}\bar{\boldsymbol{x}}(t) \tag{6.36}$$

并取 $\boldsymbol{F}_2(t) = \gamma_2^2\boldsymbol{f}^{\mathrm{T}}(t)\boldsymbol{f}(t) - \boldsymbol{r}^{\mathrm{T}}(t)\boldsymbol{r}(t)$。

可以知道要使不等式

$$\dot{\boldsymbol{V}}_{2i}(t,\hat{\boldsymbol{\rho}}) + \lambda_i\boldsymbol{V}_{2i}(t,\hat{\boldsymbol{\rho}}) + \boldsymbol{F}_2(t) < 0 \tag{6.37}$$

成立,只需要满足下面的条件:

$$\begin{bmatrix} \begin{Bmatrix} \mathrm{He}\{\bar{\boldsymbol{A}}_i^{\mathrm{T}}(\boldsymbol{\rho},\hat{\boldsymbol{\rho}})\hat{\boldsymbol{P}}_i(\hat{\boldsymbol{\rho}})\} \\ +\lambda_i\hat{\boldsymbol{P}}_i(\hat{\boldsymbol{\rho}}) + \dot{\hat{\boldsymbol{P}}}_i(\hat{\boldsymbol{\rho}}) \end{Bmatrix} & * \\ \bar{\boldsymbol{F}}_{1i}^{\mathrm{T}}(\boldsymbol{\rho},\hat{\boldsymbol{\rho}})\hat{\boldsymbol{P}}_i^{\mathrm{T}}(\hat{\boldsymbol{\rho}}) & \gamma_2^2\boldsymbol{I} \end{bmatrix} - \begin{bmatrix} \bar{\boldsymbol{C}}_i^{\mathrm{T}}(\boldsymbol{\rho},\hat{\boldsymbol{\rho}}) \\ \bar{\boldsymbol{F}}_{2i}^{\mathrm{T}}(\boldsymbol{\rho},\hat{\boldsymbol{\rho}}) \end{bmatrix}\begin{bmatrix} \bar{\boldsymbol{C}}_i(\boldsymbol{\rho},\hat{\boldsymbol{\rho}}) & \bar{\boldsymbol{F}}_{2i}(\boldsymbol{\rho},\hat{\boldsymbol{\rho}}) \end{bmatrix} < 0 \tag{6.38}$$

不等式(6.38)可以写为

$$\hat{\boldsymbol{J}}_{1i}^{\mathrm{T}}(\boldsymbol{\rho},\hat{\boldsymbol{\rho}})\hat{\boldsymbol{H}}_i(\boldsymbol{\rho},\hat{\boldsymbol{\rho}})\hat{\boldsymbol{J}}_{1i}(\boldsymbol{\rho},\hat{\boldsymbol{\rho}})<0 \tag{6.39}$$

其中，为了简洁，把 $\hat{\boldsymbol{P}}_{1i}(\boldsymbol{\rho},\hat{\boldsymbol{\rho}})$ 和 $\hat{\boldsymbol{H}}_i(\boldsymbol{\rho},\hat{\boldsymbol{\rho}})$ 记为

$$\hat{\boldsymbol{J}}_{1i}(\boldsymbol{\rho},\hat{\boldsymbol{\rho}})=\begin{bmatrix}\bar{\boldsymbol{A}}_i & \bar{\boldsymbol{F}}_{1i}\\ \boldsymbol{I} & 0\\ 0 & \boldsymbol{I}\end{bmatrix},\hat{\boldsymbol{H}}_i(\boldsymbol{\rho},\hat{\boldsymbol{\rho}})=\begin{bmatrix}0 & \hat{\boldsymbol{P}}_i(\hat{\boldsymbol{\rho}}) & 0\\ * & \lambda_i\hat{\boldsymbol{P}}_i(\hat{\boldsymbol{\rho}})+\dot{\hat{\boldsymbol{P}}}_i(\hat{\boldsymbol{\rho}})-\bar{\boldsymbol{C}}_i^{\mathrm{T}}\bar{\boldsymbol{C}}_i & -\bar{\boldsymbol{C}}_i^{\mathrm{T}}\bar{\boldsymbol{F}}_{2i}\\ * & * & -\bar{\boldsymbol{F}}_{2i}^{\mathrm{T}}\bar{\boldsymbol{F}}_{2i}+\gamma_2^2\boldsymbol{I}\end{bmatrix}$$

由引理 2.4 得，不等式(6.39)成立，只需要对给定的 $\hat{\boldsymbol{J}}_{1i}^{\perp}(\boldsymbol{\rho},\hat{\boldsymbol{\rho}})$ 以及定理 6.1 中的 $\boldsymbol{\Lambda},\boldsymbol{J}_2$，有下面的不等式

$$\hat{\boldsymbol{H}}_i(\boldsymbol{\rho},\hat{\boldsymbol{\rho}})+\hat{\boldsymbol{J}}_{1i}^{\perp}(\boldsymbol{\rho},\hat{\boldsymbol{\rho}})\boldsymbol{\Lambda}\boldsymbol{J}_2+\boldsymbol{J}_2^{\mathrm{T}}\boldsymbol{\Lambda}^{\mathrm{T}}\hat{\boldsymbol{J}}_{1i}^{\perp\mathrm{T}}(\boldsymbol{\rho},\hat{\boldsymbol{\rho}})<0 \tag{6.40}$$

成立。

取 $\hat{\boldsymbol{J}}_{1i}^{\perp}(\boldsymbol{\rho},\hat{\boldsymbol{\rho}})=[-\boldsymbol{I}\bar{\boldsymbol{A}}_i(\boldsymbol{\rho},\hat{\boldsymbol{\rho}})\quad \bar{\boldsymbol{F}}_{1i}(\boldsymbol{\rho},\hat{\boldsymbol{\rho}})]^{\mathrm{T}}$，由不等式(6.40)可得

$$\begin{bmatrix}-\mathrm{He}\{\boldsymbol{\Lambda}\} & \hat{\boldsymbol{P}}_i(\hat{\boldsymbol{\rho}})-\boldsymbol{\Lambda}+\boldsymbol{\Lambda}\bar{\boldsymbol{A}}_i & \boldsymbol{\Lambda}^{\mathrm{T}}\bar{\boldsymbol{F}}_{1i}\\ * & \mathrm{He}\{\boldsymbol{\Lambda}^{\mathrm{T}}\bar{\boldsymbol{A}}_i\}+\lambda_i\hat{\boldsymbol{P}}_i(\hat{\boldsymbol{\rho}})+\dot{\hat{\boldsymbol{P}}}_i(\hat{\boldsymbol{\rho}})-\bar{\boldsymbol{C}}_i^{\mathrm{T}}\bar{\boldsymbol{C}}_i & \boldsymbol{\Lambda}^{\mathrm{T}}\bar{\boldsymbol{F}}_{1i}-\bar{\boldsymbol{C}}_i^{\mathrm{T}}\bar{\boldsymbol{F}}_{2i}\\ * & * & \gamma_2^2\boldsymbol{I}-\bar{\boldsymbol{F}}_{2i}^{\mathrm{T}}\bar{\boldsymbol{F}}_{2i}\end{bmatrix}<0 \tag{6.41}$$

对不等式(6.41)左乘 $\mathrm{diag}\{\boldsymbol{\Omega}^{\mathrm{T}},\boldsymbol{\Omega}^{\mathrm{T}},\boldsymbol{I}\}$，然后右乘 $\mathrm{diag}\{\boldsymbol{\Omega},\boldsymbol{\Omega},\boldsymbol{I}\}$，有不等式

$$\begin{bmatrix}-\mathrm{He}\{\boldsymbol{\Phi}_1\} & \bar{\boldsymbol{P}}_i(\hat{\boldsymbol{\rho}})-\boldsymbol{\Phi}_1+\tilde{\boldsymbol{A}}_i & \tilde{\boldsymbol{F}}_{1i}\\ * & \mathrm{He}\{\tilde{\boldsymbol{A}}_i\}+\lambda_i\bar{\boldsymbol{P}}_i(\hat{\boldsymbol{\rho}})+\dot{\bar{\boldsymbol{P}}}_i(\hat{\boldsymbol{\rho}})-\tilde{\boldsymbol{C}}_i^{\mathrm{T}}\tilde{\boldsymbol{C}}_i & \tilde{\boldsymbol{F}}_{1i}-\tilde{\boldsymbol{C}}_i\bar{\boldsymbol{F}}_{2i}\\ * & * & \gamma_2^2\boldsymbol{I}-\bar{\boldsymbol{F}}_{2i}^{\mathrm{T}}\bar{\boldsymbol{F}}_{2i}\end{bmatrix}<0 \tag{6.42}$$

成立，其中，$\bar{\boldsymbol{P}}_i(\hat{\boldsymbol{\rho}})=\boldsymbol{\Omega}^{\mathrm{T}}\hat{\boldsymbol{P}}_i(\hat{\boldsymbol{\rho}})\boldsymbol{\Omega},\tilde{\boldsymbol{F}}_{1i}(\boldsymbol{\rho},\hat{\boldsymbol{\rho}})=\boldsymbol{\Omega}^{\mathrm{T}}\boldsymbol{\Lambda}^{\mathrm{T}}\bar{\boldsymbol{F}}_{1i}(\boldsymbol{\rho},\hat{\boldsymbol{\rho}})$。因为不等式(6.42)可以写为

$$\boldsymbol{\Gamma}_{1i}^{\mathrm{T}}\hat{\boldsymbol{\Phi}}_i\boldsymbol{\Gamma}_{1i}<0$$

其中

$$\boldsymbol{\Gamma}_{1i}=\begin{bmatrix}\boldsymbol{I} & 0 & 0\\ 0 & \boldsymbol{I} & 0\\ 0 & \tilde{\boldsymbol{C}}_i & \bar{\boldsymbol{F}}_{2i}\\ 0 & 0 & \boldsymbol{I}\end{bmatrix},\hat{\boldsymbol{\Phi}}_i=\begin{bmatrix}-\mathrm{He}\{\boldsymbol{\Phi}_1\} & \bar{\boldsymbol{P}}_i-\boldsymbol{\Phi}_1+\tilde{\boldsymbol{A}}_i & 0 & \tilde{\boldsymbol{F}}_{1i}\\ * & \mathrm{He}\{\tilde{\boldsymbol{A}}_i\}+\lambda\bar{\boldsymbol{P}}_i+\dot{\bar{\boldsymbol{P}}}_i & -\frac{1}{2}\tilde{\boldsymbol{C}}_i^{\mathrm{T}} & \tilde{\boldsymbol{F}}_{1i}\\ * & * & 0 & -\frac{1}{2}\bar{\boldsymbol{F}}_{2i}\\ * & * & * & \gamma_2^2\boldsymbol{I}\end{bmatrix}$$

那么存在非 0 的向量 $\boldsymbol{\psi}_i$，使得

$$\boldsymbol{\psi}_i^{\mathrm{T}}\boldsymbol{\Gamma}_{1i}^{\mathrm{T}}\hat{\boldsymbol{\Phi}}_i\boldsymbol{\Gamma}_{1i}\boldsymbol{\psi}_i<0 \tag{6.44}$$

因为 $\boldsymbol{\Gamma}_{1i}$ 是列满秩的，把 $\boldsymbol{R}_i$ 取为下面的形式：

$$\boldsymbol{R}_i=\begin{bmatrix}0 & \tilde{\boldsymbol{C}}_i^{\mathrm{T}} & -\boldsymbol{I} & \bar{\boldsymbol{F}}_{2i}^{\mathrm{T}}\end{bmatrix} \tag{6.45}$$

则得到 $\boldsymbol{R}_i\boldsymbol{\Gamma}_{1i}=0$。由引理 2.5 可知，不等式(6.43)成立，只需要下面的不等式

$$\hat{\boldsymbol{\Phi}}_i+\mathrm{He}\{\bar{\boldsymbol{L}}_i\boldsymbol{R}_i\}<0 \tag{6.46}$$

对给定的矩阵 $\bar{\boldsymbol{L}}_i$ 成立。进一步，取

$$\bar{\boldsymbol{L}}_i^{\mathrm{T}}=\begin{bmatrix}0 & -\bar{\boldsymbol{v}}_{1i}^{\mathrm{T}} & \boldsymbol{I} & -\boldsymbol{v}_{3i}^{\mathrm{T}}\end{bmatrix},\bar{\boldsymbol{v}}_{1i}^{\mathrm{T}}=\begin{bmatrix}\boldsymbol{v}_{1i}^{\mathrm{T}} & \boldsymbol{v}_{2i}^{\mathrm{T}}\end{bmatrix}$$

其中，$\boldsymbol{v}_{1i},\boldsymbol{v}_{2i},\boldsymbol{v}_{3i}$是给定的调整参数。

取

$$\begin{cases}\bar{\hat{\boldsymbol{P}}}_{11}^i(\hat{\boldsymbol{\rho}})=\hat{\boldsymbol{P}}_{11}^i(\hat{\boldsymbol{\rho}})\\ \bar{\hat{\boldsymbol{P}}}_{12}^i(\hat{\boldsymbol{\rho}})=\hat{\boldsymbol{P}}_{12}^i(\hat{\boldsymbol{\rho}})\boldsymbol{U}^{\mathrm{T}}(\hat{\boldsymbol{\rho}})\bar{X}(\hat{\boldsymbol{\rho}})\\ \bar{\hat{\boldsymbol{P}}}_{22}^i(\hat{\boldsymbol{\rho}})=\bar{\boldsymbol{X}}^{\mathrm{T}}(\hat{\boldsymbol{\rho}})\boldsymbol{U}(\hat{\boldsymbol{\rho}})\hat{\boldsymbol{P}}_{22}^i(\hat{\boldsymbol{\rho}})\boldsymbol{U}^{\mathrm{T}}(\hat{\boldsymbol{\rho}})\bar{\boldsymbol{X}}(\hat{\boldsymbol{\rho}})\\ \bar{\boldsymbol{P}}_i(\hat{\boldsymbol{\rho}})=\begin{bmatrix}\bar{\boldsymbol{P}}_{11}^i(\hat{\boldsymbol{\rho}}) & \bar{\boldsymbol{P}}_{11}^i(\hat{\boldsymbol{\rho}})+\bar{\boldsymbol{P}}_{12}^i(\hat{\boldsymbol{\rho}})\\ * & \bar{\boldsymbol{P}}_{11}^i(\hat{\boldsymbol{\rho}})+\mathrm{He}\{\bar{\boldsymbol{P}}_{12}^i(\hat{\boldsymbol{\rho}})\}+\bar{\boldsymbol{P}}_{22}^i(\hat{\boldsymbol{\rho}})\end{bmatrix}\end{cases}$$

由式(6.46)可知式(6.34)是式(6.40)成立的充分条件。因此由式(6.34)可以保证

$$\dot{\boldsymbol{V}}_2(t,\hat{\boldsymbol{\rho}})+\lambda_i\boldsymbol{V}_2(t,\hat{\boldsymbol{\rho}})+\boldsymbol{F}_2(t)<0$$

成立。用与定理 6.1 中相类似的证明方法，得到当 $\boldsymbol{d}(t)=0,\boldsymbol{f}(t)=0$ 时，在所设计的控制器和满足模型依赖的平均切换规则作用下，闭环系统式(6.6)是指数稳定的。当 $\boldsymbol{d}(t)=0,\boldsymbol{f}(t)\neq 0$ 时，式(6.8)成立。证毕。

6.3.2 鲁棒控制条件

定理 6.3 对给定的标量 $\lambda_i>0,\mu_i>1$，以及任意的非奇异矩阵 $\boldsymbol{V}$，如果存在正定矩阵 $\bar{\check{\boldsymbol{P}}}_{11}^i(\hat{\rho}),\bar{\check{\boldsymbol{P}}}_{22}^i(\hat{\boldsymbol{\rho}}),\boldsymbol{Y}(\hat{\boldsymbol{\rho}}),\bar{\boldsymbol{x}}(\hat{\boldsymbol{\rho}})$和矩阵 $\boldsymbol{D}_{fi}(\hat{\boldsymbol{\rho}}),\boldsymbol{E}_i^{\mathrm{T}}(\hat{\boldsymbol{\rho}}),\boldsymbol{M}_i(\hat{\boldsymbol{\rho}}),\boldsymbol{N}_i(\hat{\boldsymbol{\rho}}),\bar{\check{\boldsymbol{P}}}_{12}^i(\hat{\boldsymbol{\rho}}),\boldsymbol{Q}_i(\hat{\boldsymbol{\rho}}),\boldsymbol{T}_i(\hat{\boldsymbol{\rho}}),\forall i,j\in\boldsymbol{Z}_m,i\neq j$，使得下面的不等式成立：

$$\begin{bmatrix}-\mathrm{He}\{\boldsymbol{\Phi}_1\} & \bar{\check{\boldsymbol{\gamma}}}_{12i} & \bar{\check{\boldsymbol{\gamma}}}_{13i} & \bar{\check{\boldsymbol{\gamma}}}_{14i} & 0\\ * & \bar{\check{\boldsymbol{\gamma}}}_{22i} & \bar{\check{\boldsymbol{\gamma}}}_{23i} & \bar{\check{\boldsymbol{\gamma}}}_{24i} & \bar{\check{\boldsymbol{\gamma}}}_{25i}\\ * & * & -\boldsymbol{\gamma}_3^2\boldsymbol{I} & 0 & \bar{\check{\boldsymbol{\gamma}}}_{35i}\\ * & * & * & -\gamma_4^2\boldsymbol{I} & \bar{\check{\boldsymbol{\gamma}}}_{45i}\\ * & * & * & * & -\boldsymbol{I}\end{bmatrix}<0 \tag{6.47}$$

$$\bar{\check{\boldsymbol{P}}}_i(\hat{\boldsymbol{\rho}})\leqslant\mu_i\bar{\check{\boldsymbol{P}}}_j(\hat{\boldsymbol{\rho}}) \tag{6.48}$$

其中

$$
\begin{cases}
\bar{\bar{\boldsymbol{\gamma}}}_{12i} = \bar{\bar{\boldsymbol{P}}}_i - \boldsymbol{\Phi}_1 + \boldsymbol{\Psi}_{1i}(\boldsymbol{\rho},\hat{\boldsymbol{\rho}}) \\
\bar{\bar{\boldsymbol{\gamma}}}_{13i} = \bar{\bar{\boldsymbol{\gamma}}}_{23i} = \boldsymbol{\Psi}_{2i}(\boldsymbol{\rho},\hat{\boldsymbol{\rho}}) \\
\bar{\bar{\boldsymbol{\gamma}}}_{14i} = \bar{\bar{\boldsymbol{\gamma}}}_{24i} = \begin{bmatrix} \boldsymbol{Y}^{\mathrm{T}}(\hat{\boldsymbol{\rho}})\boldsymbol{F}_{1i}(\boldsymbol{\rho}) + \boldsymbol{T}_i(\hat{\boldsymbol{\rho}})\boldsymbol{F}_{2i}(\boldsymbol{\rho}) \\ \bar{\boldsymbol{X}}(\hat{\boldsymbol{\rho}})\boldsymbol{F}_{1i}(\boldsymbol{\rho}) \end{bmatrix} \\
\bar{\bar{\boldsymbol{\gamma}}}_{22i} = \mathrm{He}\{\boldsymbol{\Psi}_{1i}(\boldsymbol{\rho},\hat{\boldsymbol{\rho}})\} + \lambda_i \bar{\bar{\boldsymbol{P}}}_i(\hat{\boldsymbol{\rho}}) + \dot{\bar{\bar{\boldsymbol{P}}}}_i(\hat{\boldsymbol{\rho}}) \\
\bar{\bar{\boldsymbol{\gamma}}}_{25i} = \begin{bmatrix} \boldsymbol{Y}^{\mathrm{T}}(\hat{\rho})\boldsymbol{E}_i^{\mathrm{T}}(\boldsymbol{\rho}) + \boldsymbol{V}\boldsymbol{K}_i^{\mathrm{T}}(\hat{\boldsymbol{\rho}})\boldsymbol{E}_{ci}^{\mathrm{T}} \\ \bar{\boldsymbol{X}}(\hat{\boldsymbol{\rho}})\boldsymbol{E}_i^{\mathrm{T}}(\boldsymbol{\rho}) \end{bmatrix} \\
\bar{\bar{\boldsymbol{\gamma}}}_{35i} = \boldsymbol{E}_{di}^{\mathrm{T}}(\boldsymbol{\rho}) \\
\bar{\bar{\boldsymbol{\gamma}}}_{45i} = \boldsymbol{F}_{3i}^{\mathrm{T}}(\boldsymbol{\rho}) \\
\bar{\bar{\boldsymbol{P}}}_{11i}(\hat{\boldsymbol{\rho}}) = \check{\boldsymbol{P}}_{11i}(\hat{\boldsymbol{\rho}}) \\
\bar{\bar{\boldsymbol{P}}}_{12i}(\hat{\boldsymbol{\rho}}) = \check{\boldsymbol{P}}_{12i}(\hat{\boldsymbol{\rho}})\boldsymbol{U}^{\mathrm{T}}(\boldsymbol{\rho})\bar{\boldsymbol{X}}(\boldsymbol{\rho}) \\
\bar{\bar{\boldsymbol{P}}}_{22i}(\hat{\boldsymbol{\rho}}) = \bar{\boldsymbol{X}}^{\mathrm{T}}(\hat{\boldsymbol{\rho}})\boldsymbol{U}(\hat{\boldsymbol{\rho}})\bar{\boldsymbol{P}}_{22i}(\hat{\boldsymbol{\rho}})\boldsymbol{U}^{\mathrm{T}}(\hat{\boldsymbol{\rho}})\bar{\boldsymbol{X}}(\hat{\boldsymbol{\rho}})
\end{cases}
$$

并且

$$
\bar{\bar{\boldsymbol{P}}}_i(\hat{\boldsymbol{\rho}}) = \begin{bmatrix} \bar{\bar{\boldsymbol{P}}}_{11i}(\hat{\boldsymbol{\rho}}) & \bar{\bar{\boldsymbol{P}}}_{11i}(\hat{\boldsymbol{\rho}}) + \bar{\bar{\boldsymbol{P}}}_{12i}(\hat{\boldsymbol{\rho}}) \\ * & \bar{\bar{\boldsymbol{P}}}_{11i}(\hat{\boldsymbol{\rho}}) + \mathrm{He}\{\bar{\bar{\boldsymbol{P}}}_{12i}(\hat{\boldsymbol{\rho}})\} + \bar{\bar{\boldsymbol{P}}}_{22i}(\hat{\boldsymbol{\rho}}) \end{bmatrix}
$$

那么当 $\boldsymbol{d}(t)=0,\boldsymbol{f}(t)=0$ 时,对任意的平均驻留时间满足式(6.14)的切换信号,闭环系统式(6.6)是指数稳定的,当 $\boldsymbol{d}(t)\neq 0,\boldsymbol{f}(t)\neq 0$ 时,不等式(6.9)和不等式(6.10)成立。进一步,故障检测滤波器矩阵和控制器矩阵可分别由式(6.15)和(6.16)求出。

证明:令 $\boldsymbol{\omega}^{\mathrm{T}}(t)=[\boldsymbol{d}^{\mathrm{T}}(t)\quad \boldsymbol{f}(t)]$。按照与定理 6.1 相类似的证明方法,容易得到定理 6.3 的结果。证毕。

注 6.4　因为准确的参数 $\hat{\boldsymbol{\rho}}(t)$ 得不到,在文中为了简洁,在定理条件中把系统矩阵仍然写为 $\boldsymbol{A}_i(\boldsymbol{\rho}),\boldsymbol{B}_{di}(\boldsymbol{\rho}),\boldsymbol{F}_{1i}(\boldsymbol{\rho})$ 的形式。以矩阵 $\boldsymbol{A}_i(\boldsymbol{\rho})$ 为例,因为 $\hat{\boldsymbol{\rho}}(t)-\boldsymbol{\rho}(t)=\boldsymbol{\delta}(t)$,根据假设 6.1,在实际的处理过程中用 $\boldsymbol{A}_i(\hat{\boldsymbol{\rho}})-\boldsymbol{A}_i(\boldsymbol{\delta})$ 表示矩阵 $\boldsymbol{A}_i(\boldsymbol{\rho})$。因为 $\boldsymbol{\delta}\in\Delta$ 并且 $\delta_k(t)$ 的详细信息得不到,从而用式(6.2)中的 $\underline{\delta}_k,\bar{\delta}_k$ 代替 $\delta_k,k\in\boldsymbol{Z}_s$,所以,对每一个不等式需要处理 2^s 个不同的线性矩阵不等式。

注 6.5　在本章中,定理 6.1 中的线性矩阵不等式(6.12)、不等式(6.13)和定理 6.2 中的线性矩阵不等式(6.34)、不等式(6.35)以及定理 6.3 中的不等式(6.47)、不等式(6.48)是参数依赖的线性矩阵不等式,因此不能直接对它们求解。借用文献[113]提出的网格法,近似地将这些线性矩阵不等式变成一系列可解的线性矩阵不等式。更多的网格数将提高近似的准确性,但是需要解更多的不等式。

注 6.6 由于难以处理导数项，同时 $\dot{\rho}_k$ 和 $\dot{\delta}_k$ 的信息也得不到，所以以 $\dot{\hat{\boldsymbol{\rho}}}\frac{\partial \bar{\boldsymbol{P}}_i}{\partial \hat{\boldsymbol{\rho}}}$ 为例，根据式(6.2)和式(6.3)，取 $\bar{\boldsymbol{P}}_i(\hat{\boldsymbol{\rho}})=\bar{\boldsymbol{P}}_{i0}+\sum_{k=1}^{s}(\hat{\rho}_k\bar{\boldsymbol{P}}_{ik})$，并用 $\sum_{k=1}^{s}(\{\underline{v}_k,\bar{v}_k\}+\{\underline{\theta}_k,\bar{\theta}_k\})\frac{\partial}{\partial\hat{\rho}_k}$ 代替导数项，其中 $\bar{\boldsymbol{P}}_{i0}$ 和 $\bar{\boldsymbol{P}}_{ik}$ 是常数值矩阵，$k\in\mathbf{Z}_s$。用这种方式，每一个不等式需要求解 2^{2s} 个不同的不等式。参见文献[12]。

注 6.7 如果 $\dot{\delta}_k$ 的界是无界的，则在具体处理时 $\dot{\delta}_k$ 应该假设为取无穷大。在这种情况下，取类 Lyapunov 函数为不依赖于参数的 Lyapunov 函数，这样可能会增加保守性，因为 Lyapunov 函数不能反映参数变化的影响，但是这将能处理 $\dot{\delta}_k$ 的界是无界的情况。

6.3.3 故障检测与控制策略

基于定理 6.1～定理 6.3，所研究的故障检测滤波器与控制器同时设计的问题可以被总结为如下的定理。

定理 6.4 在模型依赖的平均驻留时间满足式(6.14)的切换规则 $\sigma(t)$ 作用下，如果线性矩阵不等式条件式(6.12)、式(6.13)、式(6.34)、式(6.35)、式(6.47)和式(6.48)成立，则当 $\boldsymbol{d}(t)=0$，$\boldsymbol{f}(t)=0$ 时，闭环系统(6.6)是指数稳定的，当 $\boldsymbol{d}(t)\neq 0$ 或 $\boldsymbol{f}(t)\neq 0$ 时，满足相应的性能不等式(6.7)～(6.10)。进一步，故障检测滤波器矩阵 $\boldsymbol{A}_{fi}(\hat{\boldsymbol{\rho}})$，$\boldsymbol{B}_{fi}(\hat{\boldsymbol{\rho}})$，$\boldsymbol{C}_{fi}(\hat{\boldsymbol{\rho}})$，$\boldsymbol{D}_{fi}(\hat{\boldsymbol{\rho}})$ 和控制器矩阵 $\boldsymbol{K}_i(\hat{\boldsymbol{\rho}})$ 可以分别由式(6.15)和式(6.16)求出。

因此，根据定理 6.4，所研究的故障检测滤波器与控制器同时设计问题可以通过下面的优化方法解决：

$$\max\{a\gamma_2-b\gamma_3\},\text{s. t. }(6.12),(6.13),(6.34),(6.35),(6.47)\text{和}(6.48)\tag{6.49}$$

其中，$\gamma_1>0$，$\gamma_4>0$，$a>0$ 和 $b>0$ 为给定的常数，其中标量 a 和 b 是用于对故障检测和控制的要求进行权衡而给定的。

6.3.4 故障检测的阈值计算

用文献[134]的方法，残差估值函数 $J_{\mathrm{r}}(\tau)$ 和阈值 J_{th} 用如下的方法求得：

$$J_{\mathrm{r}}(\tau)=\sqrt{\frac{1}{\tau}\int_0^{\tau}[\boldsymbol{r}^{\mathrm{T}}(t)\boldsymbol{r}(t)]\mathrm{d}t}\tag{6.50}$$

$$J_{\mathrm{th}}=\sup_{\boldsymbol{d}(t)\in L_2[0,+\infty),\boldsymbol{f}(t)=0}J_{\mathrm{r}}(\tau)\tag{6.51}$$

那么，可以根据下面的规则确定是否有故障发生：

$$\left.\begin{aligned}&\|J_{\mathrm{r}}(\tau)\|\leqslant J_{\mathrm{th}},\text{没有故障}\Rightarrow\text{不报警}\\&\|J_{\mathrm{r}}(\tau)\|>J_{\mathrm{th}},\text{有故障}\Rightarrow\text{报警}\end{aligned}\right\}\tag{6.52}$$

6.4 仿真例子

本节将通过一个发动机的例子来说明所设计策略的有效性。

在这里使用的发动机类型是如第 2 章所介绍的涡扇发动机。仿真所用的数据来自于文献[106]。在本节中,航空发动机控制系统的状态分别是 N_f 和 N_c。它们分别表示发动机的低压转子的转速和高压转子的转速。W_F 是发动机的燃油流量。转速的单位是 r/min,表示每分钟旋转的次数。T_{48} 表示航空发动机高压转子出口的总温。N_f 已经除以 3 000 以进行标准化。发动机的切换 LPV 模型具体描述参见前面章节的内容,建模过程参见第 2 章。所得的切换 LPV 模型如下:

$$\begin{cases}\dot{\boldsymbol{x}}(t)=\boldsymbol{A}_\sigma(\rho)\boldsymbol{x}(t)+\boldsymbol{B}_\sigma\boldsymbol{u}(t)+\boldsymbol{B}_{di}(\boldsymbol{\rho})\boldsymbol{d}(t)+\boldsymbol{F}_{1\sigma}(\boldsymbol{\rho})\boldsymbol{f}(t)\\ \boldsymbol{y}(t)=\boldsymbol{C}_\sigma(\boldsymbol{\rho})\boldsymbol{x}(t)+\boldsymbol{D}_{d\sigma}(\boldsymbol{\rho})\boldsymbol{d}(t)+\boldsymbol{F}_{2\sigma}(\boldsymbol{\rho})\boldsymbol{f}(t)\\ \boldsymbol{z}(t)=\boldsymbol{E}_\sigma(\boldsymbol{\rho})\boldsymbol{x}(t)+\boldsymbol{E}_{\sigma}\boldsymbol{u}(t)+\boldsymbol{E}_{d\sigma}(\boldsymbol{\rho})\boldsymbol{d}(t)+\boldsymbol{F}_{3\sigma}(\boldsymbol{\rho})\boldsymbol{f}(t)\end{cases}$$

其中,$\boldsymbol{x}(t)=[\Delta N_f \quad \Delta N_c]^T$,$\boldsymbol{u}(t)=\Delta W_F$。$\Delta N_f=N_f-N_{fe}$ 和 $\Delta N_c=N_c-N_{ce}$ 是 N_f 和 N_c 的增量,$\Delta W_F=W_F-W_{Fe}$ 是燃油流量 W_F 的增量。此处 $\boldsymbol{d}$(t)是扰动输入,它表示发动机参数的老化或外部环境条件的变化。$\boldsymbol{f}$(t)是故障信号,在这里表示传感器漂移故障。调度参数马赫数 m 的取值在集合 $\mathscr{P}=[0.25,0.80]$ 内,假设它的导数范围为[−0.3, 0.3]。测量误差 δ 的范围为[−0.02,0.02],它的导数 $\dot{\delta}$ 假定为[−3, 3]。调度参数马赫数的测量值 $\hat{m}$ 如图 6.1 所示。应用文献[12]和[113]所使用的网格法,得到下面的切换 LPV 模型系统矩阵:

$$\begin{cases}\boldsymbol{A}_1(m)=\begin{bmatrix}-3.8402 & 1.4346\\ 0.3949 & -4.6585\end{bmatrix}+m\begin{bmatrix}-1.2793 & 0.3776\\ 0.3866 & -1.0649\end{bmatrix}\\ \boldsymbol{A}_2(m)=\begin{bmatrix}-3.5496 & 1.2989\\ 0.3869 & -4.1890\end{bmatrix}+m\begin{bmatrix}-1.1092 & 0.6034\\ 0.9717 & -1.0680\end{bmatrix}\\ \boldsymbol{B}_1(m)=\begin{bmatrix}231.7017\\ 659.0657\end{bmatrix}\\ \boldsymbol{B}_{d1}(m)=\begin{bmatrix}0.1\\ 0.2\end{bmatrix}\\ \boldsymbol{F}_{11}(m)=\begin{bmatrix}0\\ 0\end{bmatrix}\\ \boldsymbol{B}_2(m)=\begin{bmatrix}219.5593\\ 597.6553\end{bmatrix}\\ \boldsymbol{B}_{d2}(m)=\begin{bmatrix}0.1\\ 0.2\end{bmatrix}\\ \boldsymbol{F}_{12}(m)=\begin{bmatrix}0\\ 0\end{bmatrix}\end{cases}$$

$$\begin{cases}\boldsymbol{E}_1(m) = [-0.0879 \quad -0.3181] + m[0.3035 \quad 0.0504] \\ \boldsymbol{E}_{c1}(m) = 234.87 \\ \boldsymbol{E}_2(m) = [-0.0589 \quad -0.3209] + m[0.2313 \quad -0.1151] \\ \boldsymbol{E}_{c2}(m) = 251.84 \\ \boldsymbol{C}_1(m) = [1 \quad 2] \\ \boldsymbol{D}_{d1}(m) = 0.2 \\ \boldsymbol{F}_{21}(m) = 1.4 \\ \boldsymbol{E}_{d1}(m) = 0.2 \\ \boldsymbol{F}_{31}(m) = 0 \\ \boldsymbol{C}_2(m) = [1 \quad 2] \\ \boldsymbol{D}_{d2}(m) = 0.2 \\ \boldsymbol{F}_{22}(m) = 1.4 \\ \boldsymbol{E}_{d2}(m) = 0.2 \\ \boldsymbol{F}_{32}(m) = 0 \end{cases}$$

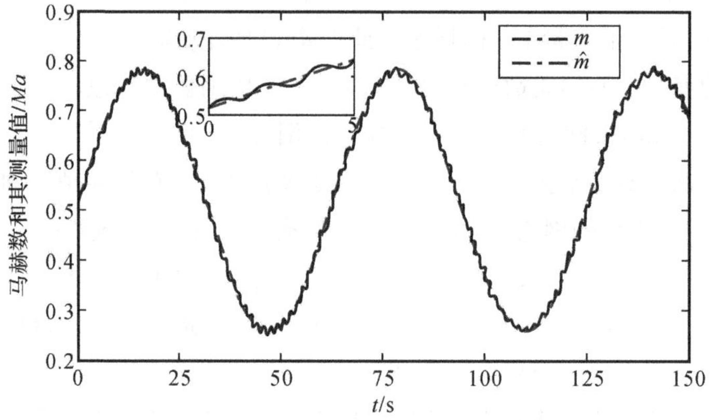

图 6.1　马赫数的测量值 $\hat{m}$

本节的目标是在对航空发动机模型实施设计的方案以检测故障并抑制扰动输入的效果。切换 LPV 模型的初始值为 $\boldsymbol{x}(t_0)=[\Delta N_{fe} \quad \Delta N_{ce}]=[-1 \quad 2]^{T}$。选择 $\bar{v}_1=[0.3,0.5]$，$\bar{v}_2=[0.3,0.5]$，$v_3=0.4$，并取 $N_{0i}=0$，$\lambda_1=0.1$，$\lambda_2=0.12$，$\mu_1=1.6$，$\mu_2=1.5$，根据式(6.14)，得到模型依赖的平均驻留时间切换信号如图 6.2 所示。

令 $a=b=1$，应用定理 6.4，对给定的 $\gamma_1=2$，$\gamma_4=2$ 得到 $\gamma_2=0.0117$ 和 $\gamma_3=2.0595$。进一步，求得的故障检测滤波器和控制器矩阵为

$$
\begin{cases}
\boldsymbol{A}_{f1}(\hat{m}) = \begin{bmatrix} -6.3450 & 1.6343 \\ 3.4059 & -7.3792 \end{bmatrix} + \hat{m}\begin{bmatrix} -2.9129 & 1.4509 \\ 1.8602 & -3.3888 \end{bmatrix} \\
\boldsymbol{A}_{f2}(\hat{m}) = \begin{bmatrix} -6.1328 & 1.4856 \\ 3.1580 & -7.1436 \end{bmatrix} + \hat{m}\begin{bmatrix} -3.5517 & 1.4143 \\ 1.3979 & -3.6880 \end{bmatrix} \\
\boldsymbol{B}_{f1}(\hat{m}) = \begin{bmatrix} 0.0133 \\ 0.1187 \end{bmatrix} + \hat{m}\begin{bmatrix} 0.0527 \\ 0.0263 \end{bmatrix} \\
\boldsymbol{B}_{f2}(\hat{m}) = \begin{bmatrix} 0.0362 \\ 0.1273 \end{bmatrix} + \hat{m}\begin{bmatrix} -0.0017 \\ -0.0260 \end{bmatrix} \\
\boldsymbol{C}_{f1}(\hat{m}) = [0.5073 \quad 1.3725] + \hat{m}[0.1887 \quad 0.8491] \\
\boldsymbol{C}_{f2}(\hat{m}) = [0.5953 \quad 1.5771] + \hat{m}[0.0533 \quad 0.5408] \\
\boldsymbol{D}_{f1}(\hat{m}) = 0.2315 + \hat{m}\,0.1197 \\
\boldsymbol{D}_{f2}(\hat{m}) = 0.3110 + \hat{m}\,0.0023 \\
\boldsymbol{K}_1(\hat{m}) = [-0.0045 \quad 0.0200] + \hat{m}[-0.0067 \quad 0.0131] \\
\boldsymbol{K}_2(\hat{m}) = [-0.0042 \quad 0.0210] + \hat{m}[-0.0059 \quad 0.0146]
\end{cases}
$$

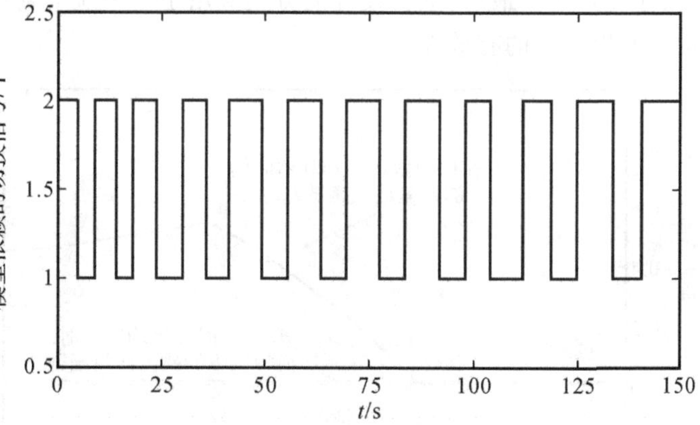

图 6.2　模型依赖的切换信号

为了验证所设计的故障检测滤波器与控制器同时设计的控制方案，首先选择 $d(t) = 0.1\cos(16t)$ 和

$$
\mathrm{f(t)} = \begin{cases} 1, 50 \leqslant \mathrm{t} \leqslant 100 \\ 0, \text{其他情况} \end{cases} \tag{6.53}
$$

为检查故障检测的灵敏性，在时间 $t \in [50,100]$ 时，分别取 $d(t) = 0.1\cos(16t)$，$f(t) = 0.1$ 和 $f(t) = 1$，然后应用所设计的检测方案，可以检测到切换 LPV 系统(6.1) 的故障信息。残差估值函数 $J_r(\tau)$ 和残差信号 $r(t)$ 分别如图 6.3 和图 6.4 所示。它们表明即使故障信号非常小，也能够检测出故障信号。控制输出信号 T_{48} 如图 6.5 所示。它表明系统式(6.6) 对扰动具有鲁棒性能。因此，从图 6.3 ~ 图 6.5 可知，闭环系统(6.6) 对故障具有灵敏性，对扰动具有鲁棒性。

接下来，取 $d(t)$ 比故障 $f(t)$ 更强即幅值更大的信号。假定当 t 由第 50 s 变到第 100 s 时，取 $d(t) = 4\cos(16t)$ 和 $f(t) = 0.05$，此时残差信号和残差估值函数分别如图 6.6 和图 6.7 所示。可以看出此时仍然能够检测出故障信号。因此，仿真结果表明所设计的方案是正确的。在模型依赖的平均驻留时间切换方案下，仍然能够检测出故障信息。现在将模型依赖的平均驻留时间切换规则与一般的平均驻留时间切换规则进行比较。取 $\lambda_1=\lambda_2=0.1$ 和 $\mu_1=\mu_2=1.6$。利用平均驻留时间切换方法，得到 $\tau_a\geqslant 4.7$，而在模型依赖平均驻留时间切换规则中，第 2 个子系统的驻留时间 $\tau_{a2}\geqslant 3.3789$。这表明模型依赖的平均驻留时间切换方法比一般的驻留时间切换方法保守性要低。残差估值函数如图 6.3 所示，可以看出应用模型依赖平均驻留时间切换规则的估值函数 $J_r(\tau)$ 比应用一般的驻留时间切换规则的估值函数更灵敏。

6.5 本章小结

应用模型依赖的平均驻留时间切换方法，本章研究了在得不到调度参数准确测量值时切换 LPV，系统的 H_∞ 意义下故障检测滤波器与控制器同时设计问题，得到了所研究问题可解的充分条件，并且设计出了故障检测的滤波器和控制器。尽管不能得到调度参数准确的测量值，但所研究的问题仍然可解。与一般的平均驻留时间切换方法相比，所用的模型依赖的平均驻留时间切换方法保守性要小。最后，把所设计的方案应用于一个航空发动机的切换 LPV 模型中，仿真结果显示了所提方法的有效性。

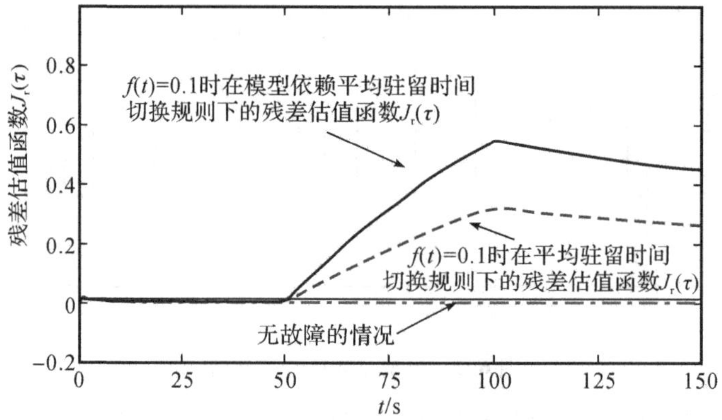

图 6.3　残差估值函数

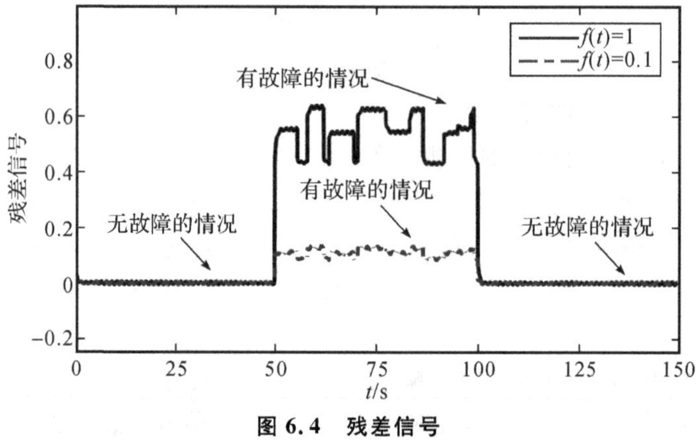

图 6.4　残差信号

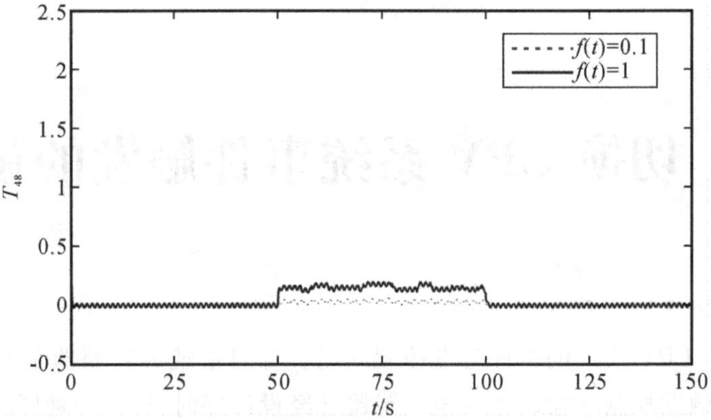

图 6.5　调节的控制输出信号 T_{48}

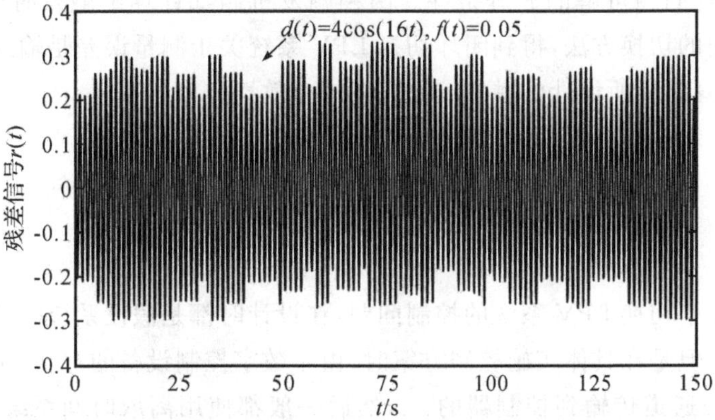

图 6.6　残差信号 $r(t)$

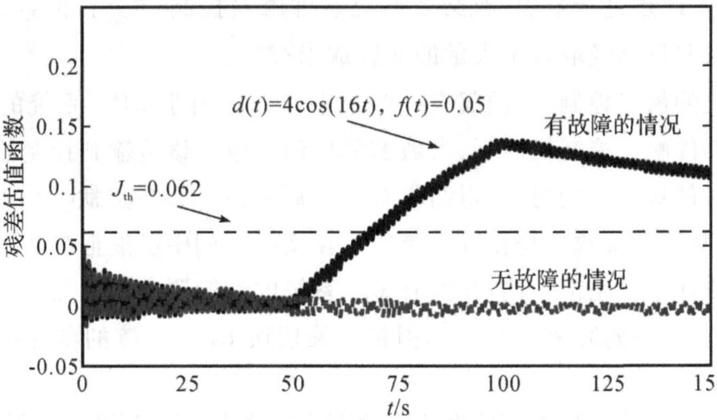

图 6.7　残差估值函数

第7章　切换 LPV 系统事件触发的镇定控制

本章研究切换 LPV 系统的事件触发控制问题。针对系统的控制器是否预先设计好的情况,设计两种事件触发控制方案。当系统控制器已经设计好时,设计一种同时依赖系统状态和调度参数的触发机制。当系统控制器待设计时,设计分别依赖于系统状态和调度参数的触发控制方案,给出设计问题可解的充分条件。两种触发机制都计算出触发时间间隔的正下界。应用平均驻留时间的切换方法,得到闭环切换 LPV 系统关于测量误差是输入状态指数稳定的结果,最后通过仿真验证所设计的触发控制方案的有效性。

7.1 引　言

前面各章研究了切换 LPV 系统的控制问题,在设计时都是假设系统的信息是连续传输到系统的控制器的。但是在具体实施控制方案时,由于数字控制设备的存在,系统的相关信息都是在采样后经通信通道传输到控制器的[59],然后一般都使用离散时间系统的控制理论[60]进行系统的分析和设计。所使用的周期性采样机制可能会传输一些冗余的控制信息,造成对通信资源的浪费。为了改进这一缺点,有必要研究事件触发控制[61]。目前,已经有许多学者研究了事件触发控制,并且已经取得了大量的研究成果[62-66]。

对于 LPV 系统的触发控制,目前仅有一些成果[67-70]。由于 LPV 系统的控制器通常是参数依赖的,所以在事件触发控制机制下,参数的采样信号也应该传输到控制器中。有些文献在研究 LPV 系统的事件触发控制时,所得结果有一些局限性。如在文献[69]中设计 H_∞ 事件触发控制器时假设控制器的参数也是在线获得的。在文献[68]中虽然把参数的采样信号传输到控制器,但是触发条件是事先给定的,并没有考虑系统的性能要求。虽然针对一般切换系统研究事件触发控制已有一些研究成果[137-139],但是有关切换 LPV 系统的事件触发控制还未见相关成果。

本章研究切换 LPV 系统的事件触发控制问题。与已有的研究成果相比,本章内容主要有以下特点:首先,所设计的调度参数和系统状态同时依赖于事件触发机制,通过仿真表明这种触发机制与调度参数和系统状态分别触发的机制相比,能降低事件触发的次数。尽管触发阈值受调度参数的影响,但是仍然能得到触发时间间隔的正下界。其次,针对控制器待设计的情况研究控制器和事件触发方案同时设计问题,其中调度参数的触发阈值不需要提前给定。在进行触发控制的设计时,不要求系统矩阵关于调度参数是仿射结构的。把所设计的事件触发控制应用于航空发动机的切换 LPV 模型中,以验证所设计的事件触发控制的效果。

7.2　问题描述与预备知识

7.2.1　系统模型

考虑下面的切换 LPV 系统：

$$\dot{\boldsymbol{x}}(t)=\boldsymbol{A}_{\sigma(t)}(\boldsymbol{\rho})\boldsymbol{x}(t)+\boldsymbol{B}_{\sigma(t)}(\boldsymbol{\rho})\boldsymbol{u}(t) \tag{7.1}$$

式中：$\boldsymbol{x}(t)\in\mathbf{R}^{n_x}$ 是状态向量；$\boldsymbol{u}(t)\in\mathbf{R}^{n_u}$ 是控制输入信号。函数 $\sigma(t):[0,+\infty)\rightarrow\mathbf{Z}_m=\{1,2,\cdots,m\}$ 是切换信号，并且切换序列如第 3 章的式(3.4)所示。当 $t\in[t_n,t_{n+1})$ 时，表示第 i_n 个子系统被激活，常数 m 表示子系统的个数。假定子系统切换的时候，控制器也同时切换。矩阵 $[\boldsymbol{A}_i(\boldsymbol{\rho})\quad\boldsymbol{B}_i(\boldsymbol{\rho})]$ 是可镇定的，并且具有恰当的维数。矩阵 $[\boldsymbol{A}_i(\boldsymbol{\rho})\quad\boldsymbol{B}_i(\boldsymbol{\rho})]$ 的所有的元素是参数的连续函数。这里的参数 $\boldsymbol{\rho}(t)$ 是在线可测的外部参数，它不依赖于系统的状态。参数 $\boldsymbol{\rho}(t)=\{\rho_1(t),\rho_2(t),\cdots,\rho_s(t)\}$ 和它的导数 $\dot{\boldsymbol{\rho}}(t)$ 属于由第 3 章中的式(3.2)和式(3.3)所描述的参数集合中。

7.2.2　问题描述

在具体实施设计的事件触发控制方案时，假设系统的状态 $\boldsymbol{x}(t)$ 和参数 $\boldsymbol{\rho}(t)$ 由一个通信通道都被传输到系统的控制器，并且假设有事件触发器连续地监测事件触发条件。在本章中不考虑由于采样、信号的传输和更新导致的时滞行为。

把系统状态 $\boldsymbol{x}(t)$ 的事件触发的时间序列表示为 $\{t_l^x\}_{l\in\mathbf{N}}$，并把参数 $\boldsymbol{\rho}(t)$ 的触发时间序列表示为 $\{t_l^{\rho}\}_{l\in\mathbf{N}}$。然后，定义测量误差为

$$\boldsymbol{e}_x(t)=\boldsymbol{x}(t_l^x)-\boldsymbol{x}(t),t\in[t_l^x,t_{l+1}^x) \tag{7.2}$$

$$\boldsymbol{e}_{\rho}(t)=\boldsymbol{\rho}(t_l^{\rho})-\boldsymbol{\rho}(t),t\in[t_l^{\rho},t_{l+1}^{\rho}) \tag{7.3}$$

当发生触发时两个误差 $\boldsymbol{e}_x(t)$ 和 $\boldsymbol{e}_{\rho}(t)$ 被重置为 0，然后误差范数将增大直至引起下一次触发。同时，传输给控制器的信号 $\boldsymbol{x}(t_l^x)$ 和 $\boldsymbol{\rho}(t_l^{\rho})$ 一经传出将保持为常数直到下一次触发时再更新。假定时刻 t_0 是系统状态 $\boldsymbol{x}(t)$ 和调度参数 $\boldsymbol{\rho}(t)$ 的第一次触发时刻。

下面将基于平均驻留时间切换方法，对切换 LPV 系统式(7.1)设计事件触发控制方案进行镇定。详细情况如下：

(1)系统的控制器已经设计完毕。对系统式(7.1)设计同时依赖于调度参数和系统状态的事件触发控制方案进行镇定。

(2)系统的控制器为待设计时，设计控制器以及分别设计系统状态与调度参数事件触发机制来镇定系统式(7.1)。

下面引入相关的定义。

考虑一个 LPV 系统：

$$\dot{\boldsymbol{x}}=\boldsymbol{A}(\boldsymbol{\rho})\boldsymbol{x}+\boldsymbol{B}(\boldsymbol{\rho})\boldsymbol{u} \tag{7.4}$$

式中：$\boldsymbol{x}\in\mathbf{R}^{n_x}$；$\boldsymbol{u}\in\mathbf{R}^{n_u}$；参数 $\boldsymbol{\rho}\in\mathbf{R}^s$。矩阵 $\boldsymbol{A}(\boldsymbol{\rho}),\boldsymbol{B}(\boldsymbol{\rho})$ 具有相匹配的维数。把设计的控制器

$\boldsymbol{u}=\boldsymbol{K}(\boldsymbol{\rho})\boldsymbol{x}$ 代入系统(7.4)得到如下的闭环系统：

$$\dot{\boldsymbol{x}}=\boldsymbol{A}(\boldsymbol{\rho})\boldsymbol{x}+\boldsymbol{B}(\boldsymbol{\rho})\boldsymbol{K}(\boldsymbol{\rho}+\boldsymbol{e}_\rho)(\boldsymbol{x}+\boldsymbol{e}_x) \tag{7.5}$$

式中：$\boldsymbol{e}_\rho\in\mathbf{R}^s$ 和 $\boldsymbol{e}_x\in\mathbf{R}^{n_x}$ 是测量误差。

定义 7.1 如果存在正常数 $\lambda,\underline{\alpha},\overline{\alpha},\alpha$ 和函数 $\gamma_1:\mathbf{R}_0^+\to\mathbf{R}^+$ 满足

$$\begin{cases}\dfrac{\partial\boldsymbol{V}}{\partial\boldsymbol{x}}\{\boldsymbol{A}(\boldsymbol{\rho})\boldsymbol{x}+\boldsymbol{B}(\boldsymbol{\rho})\boldsymbol{K}(\boldsymbol{\rho}+\boldsymbol{e}_\rho)(\boldsymbol{x}+\boldsymbol{e}_x)\}+\dfrac{\partial\boldsymbol{V}}{\partial\boldsymbol{\rho}}\dot{\boldsymbol{\rho}}+\lambda\boldsymbol{V}(\boldsymbol{\rho},\boldsymbol{x})\\ \leqslant-\alpha\|\boldsymbol{x}\|^2+\gamma_1(\|\boldsymbol{e}_\rho\|)\|\boldsymbol{e}_x\|\ \|\boldsymbol{x}\|\\ \underline{\alpha}\|\boldsymbol{x}\|^2\leqslant\boldsymbol{V}(\boldsymbol{\rho},\boldsymbol{x})\leqslant\overline{\alpha}\|\boldsymbol{x}\|^2\end{cases}$$

则称函数 $\boldsymbol{V}:\mathbf{R}^{n_x}\times\mathbf{R}^s\to\mathbf{R}_0^+$ 为闭环系统式(7.5)的参数依赖的输入状态指数稳定 Lyapunov 函数。

注 7.1 如果存在一个参数依赖的输入状态指数稳定的 Lyapunov 函数，称闭环系统式(7.5)是关于测量误差 $\boldsymbol{e}_x$ 和 $\boldsymbol{e}_\rho$ 输入状态指数稳定的。对于不依赖参数的控制系统的输入状态稳定的 Lyapunov 函数已经在文献[61]中给出。在这里，当 $\boldsymbol{e}_\rho=0$ 和 $\lambda=0$ 时，定义 7.1 就变成文献[61]中的针对线性时不变系统的输入状态稳定的 Lyapunov 函数。

接下来，针对切换 LPV 系统式(7.1)设计事件触发机制。

7.3 状态与参数同时依赖的触发条件

在本节，当系统控制器 $\boldsymbol{K}_i(\boldsymbol{\rho})\in\mathbf{R}^{n_u\times n_x},i\in\mathbf{Z}_m$ 已事先设计好时，对系统式(7.1)设计一个混合的同时依赖于系统状态和调度参数的事件触发机制。当违反触发条件时，将同时更新采样数据 $\boldsymbol{x}(t)$ 和 $\boldsymbol{\rho}(t)$ 。此时触发时刻将满足如下关系：$t_l^x=t_l^\rho$ 。

7.3.1 触发机制的设计

假定系统满足下面的不等式：

$$\mathrm{He}\{(\boldsymbol{A}_i(\boldsymbol{\rho})+\boldsymbol{B}_i(\boldsymbol{\rho})\boldsymbol{K}_i(\boldsymbol{\rho}))\boldsymbol{P}_i(\boldsymbol{\rho})\}+\dot{\boldsymbol{P}}_i(\boldsymbol{\rho})+\lambda\boldsymbol{P}_i(\boldsymbol{\rho})\leqslant-a\boldsymbol{I} \tag{7.6}$$

$$\boldsymbol{P}_i(\boldsymbol{\rho})\leqslant\mu\boldsymbol{P}_j(\boldsymbol{\rho}) \tag{7.7}$$

其中，$\lambda>0,a>0,\mu>1,\boldsymbol{P}_i(\boldsymbol{\rho})\in\mathbf{R}^{n_x\times n_x}$ 和 $\boldsymbol{K}_i(\boldsymbol{\rho})\in\mathbf{R}^{n_u\times n_x},i,j\in\mathbf{Z}_m$ 。

把已设计好的控制器 $\boldsymbol{u}=\boldsymbol{K}_i(\boldsymbol{\rho})\boldsymbol{x}$ 代入系统式(7.1)，得到切换 LPV 系统式(7.1)闭环系统为

$$\dot{\boldsymbol{x}}=\boldsymbol{A}_\sigma(\boldsymbol{\rho})\boldsymbol{x}+\boldsymbol{B}_\sigma(\boldsymbol{\rho})\boldsymbol{K}_\sigma(\boldsymbol{\rho})\boldsymbol{x} \tag{7.8}$$

对系统式(7.8)应用事件触发控制得到

$$\dot{\boldsymbol{x}}(t)=\boldsymbol{A}_\sigma(\boldsymbol{\rho}(t))\boldsymbol{x}(t)+\boldsymbol{B}_\sigma(\boldsymbol{\rho}(t))\boldsymbol{K}_\sigma(\boldsymbol{\rho}(t)+\boldsymbol{e}_\rho(t))(\boldsymbol{x}(t)+\boldsymbol{e}_x(t)) \tag{7.9}$$

其中，$\boldsymbol{e}_x$ 和 $\boldsymbol{e}_\rho$ 是测量误差。

对切换 LPV 系统应用同时依赖于调度参数和系统状态的触发控制方案后所得系统的结构如图 7.1 所示。可以看出只有一个事件触发器监控事件触发条件。

下面对系统式(7.9)设计事件触发机制

定理 7.1 对给定的常数 $a>0,\lambda>0,\mu>1$，矩阵函数 $\boldsymbol{K}_i(\boldsymbol{\rho})>0$ 和 $\boldsymbol{P}_i(\boldsymbol{\rho})>0$ 且满足

式(7.6)和式(7.7),如果存在函数 $\eta(\cdot):\mathbf{R}_0^+\to\mathbf{R}^+$ 和常数 $\bar{p},\bar{b},\bar{k},\bar{k}_{dk}$ 并且有 $\max_{i,\boldsymbol{\rho}\in}\{\|\boldsymbol{P}_i(\boldsymbol{\rho})\|\}\leqslant\bar{p}$,$\max_{i,\boldsymbol{\rho}\in\rho}\{\|\boldsymbol{B}_i(\boldsymbol{\rho})\|\}\leqslant\bar{b}$,$\max_{i,\boldsymbol{\rho}\in}\{\|\boldsymbol{K}_i(\boldsymbol{\rho})\|\}\leqslant\bar{k}$,和 $\max_{i,\boldsymbol{\rho}\in,k\in\mathbf{Z}_s}\{\|\widetilde{\boldsymbol{K}}_{ik}(\boldsymbol{\rho},\boldsymbol{e}_\rho)\|\}\leqslant\bar{k}_{dk}$,$i\in\mathbf{Z}_m$ 满足下面的不等式条件:

$$\|\boldsymbol{e}_x\|\leqslant\eta(\boldsymbol{e}_\rho)\|\boldsymbol{x}\|=\frac{a-2\overline{pb}\sum_{k=1}^{s}\{\bar{k}_{dk}\|\boldsymbol{e}_{\rho k}\|\}}{2\overline{pb}b\bar{k}+2\overline{pb}\sum_{k=1}^{s}\{\bar{k}_{dk}\|\boldsymbol{e}_{\rho k}\|\}}\|\boldsymbol{x}\| \tag{7.10}$$

那么在平均驻留时间切换规则下,闭环系统式(7.9)的子系统是关于误差 $\boldsymbol{e}_x$ 和 $\boldsymbol{e}_\rho$ 输入状态指数稳定的,闭环系统式(7.9)是指数稳定的。其中 $i\in\mathbf{Z}_m$,$k\in\mathbf{Z}_s$。

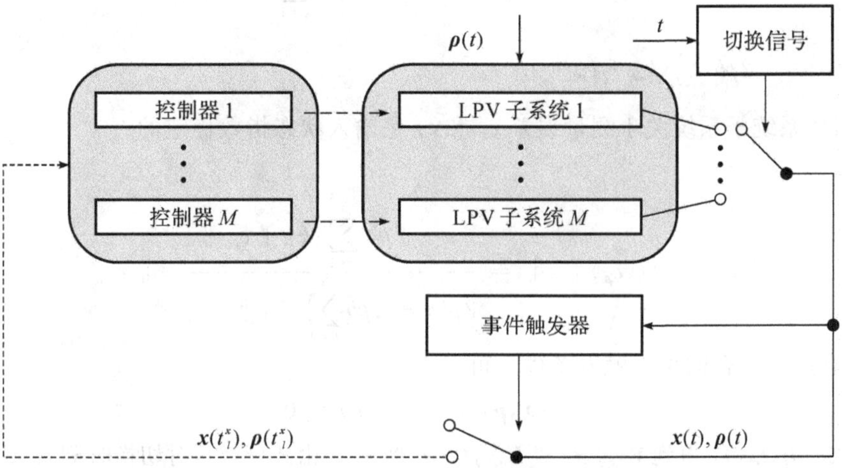

图 7.1　应用混合事件触发机制时的系统结构

证明:选取切换系统式(7.8)闭环系统子系统的 Lyapunov 函数为 $\boldsymbol{V}_i(\boldsymbol{x},\boldsymbol{\rho})=\boldsymbol{x}^{\mathrm{T}}\boldsymbol{P}_i(\boldsymbol{\rho})\boldsymbol{x}$。沿闭环系统式(7.9)的轨线对 $\boldsymbol{V}_i(\boldsymbol{x},\boldsymbol{\rho})$ 求导数,然后可得

$$\begin{aligned}&\dot{\boldsymbol{V}}_i(\boldsymbol{x},\boldsymbol{\rho})+\lambda\boldsymbol{V}_i(\boldsymbol{x},\boldsymbol{\rho})=\dot{\boldsymbol{x}}^{\mathrm{T}}\boldsymbol{P}_i(\boldsymbol{\rho})\boldsymbol{x}+\boldsymbol{x}^{\mathrm{T}}\boldsymbol{P}_i(\boldsymbol{\rho})\dot{\boldsymbol{x}}+\boldsymbol{x}^{\mathrm{T}}\dot{\boldsymbol{P}}_i(\boldsymbol{\rho})\boldsymbol{x}+\lambda\boldsymbol{x}^{\mathrm{T}}\boldsymbol{P}_i(\boldsymbol{\rho})\boldsymbol{x}=\\&2\{\boldsymbol{x}^{\mathrm{T}}\boldsymbol{P}_i(\boldsymbol{\rho})[\boldsymbol{A}_i(\boldsymbol{\rho})\boldsymbol{x}+\boldsymbol{B}_i(\boldsymbol{\rho})(\boldsymbol{K}_i(\boldsymbol{\rho}+\boldsymbol{e}_\rho))(\boldsymbol{x}+\boldsymbol{e}_x)]\}+\\&\boldsymbol{x}^{\mathrm{T}}\dot{\boldsymbol{P}}_i(\boldsymbol{\rho})\boldsymbol{x}+\lambda\boldsymbol{x}^{\mathrm{T}}\boldsymbol{P}_i(\boldsymbol{\rho})\boldsymbol{x}\end{aligned}$$

显然,矩阵函数 $\boldsymbol{K}_i(\boldsymbol{\rho}+\boldsymbol{e}_\rho)$ 可表示为

$$\boldsymbol{K}_i(\boldsymbol{\rho}+\boldsymbol{e}_\rho)=\boldsymbol{K}_i(\boldsymbol{\rho})+\sum_{k=1}^{s}\{\boldsymbol{e}_{\rho k}\widetilde{\boldsymbol{K}}_{ik}(\boldsymbol{\rho},\boldsymbol{e}_\rho)\} \tag{7.11}$$

其中

$$\widetilde{\boldsymbol{K}}_{ik}(\boldsymbol{\rho},\boldsymbol{e}_\rho)=\int_0^1\frac{\partial\boldsymbol{K}_i(\boldsymbol{\theta})}{\partial\boldsymbol{\theta}_k}\bigg|_{\boldsymbol{\theta}_k=\boldsymbol{\rho}_k+\tau\boldsymbol{e}_{\rho k}}\mathrm{d}\tau \tag{7.12}$$

$\tau\in(0,1)$,$\widetilde{\boldsymbol{K}}_{ik}(\boldsymbol{\rho},\boldsymbol{e}_\rho)\in\mathbf{R}^{n_u\times n_x}$,$k\in\mathbf{Z}_s$。

因此由式(7.6),可得

$$\begin{aligned}\dot{\boldsymbol{V}}_i(\boldsymbol{x},\boldsymbol{\rho})+\lambda\boldsymbol{V}_i(\boldsymbol{x},\boldsymbol{\rho})=&\boldsymbol{x}^{\mathrm{T}}\mathrm{He}\{\boldsymbol{P}_i(\boldsymbol{\rho})[\boldsymbol{A}_i(\boldsymbol{\rho})+\boldsymbol{B}_i(\boldsymbol{\rho})\boldsymbol{K}_i(\boldsymbol{\rho})]+\dot{\boldsymbol{P}}_i(\boldsymbol{\rho})+\lambda\boldsymbol{P}_i(\boldsymbol{\rho})\}\boldsymbol{x}+\\&2\boldsymbol{x}^{\mathrm{T}}\boldsymbol{P}_i(\boldsymbol{\rho})\boldsymbol{B}_i(\boldsymbol{\rho})\boldsymbol{K}_i(\boldsymbol{\rho})\boldsymbol{e}_x+\\&2\boldsymbol{x}^{\mathrm{T}}\boldsymbol{P}_i\boldsymbol{B}_i\Big\{\sum_{k=1}^{s}\{\boldsymbol{e}_{\rho k}\widetilde{\boldsymbol{K}}_{ik}\}\boldsymbol{x}+\sum_{k=1}^{s}\{\boldsymbol{e}_{\rho k}\widetilde{\boldsymbol{K}}_{ik}\}\boldsymbol{e}_x\Big\}\leqslant\end{aligned}$$

$$-a\boldsymbol{x}^{\mathrm T}\boldsymbol{x}+2\boldsymbol{x}^{\mathrm T}\boldsymbol{P}_i\boldsymbol{B}_i\boldsymbol{K}_i\boldsymbol{e}_x+$$
$$2\boldsymbol{x}^{\mathrm T}\boldsymbol{P}_i\boldsymbol{B}_i\left\{\sum_{k=1}^{s}\{\boldsymbol{e}_{\rho k}\widetilde{\boldsymbol{K}}_{ik}\}\boldsymbol{x}+\sum_{k=1}^{s}\{\boldsymbol{e}_{\rho k}\widetilde{\boldsymbol{K}}_{ik}\}\boldsymbol{e}_x\right\}$$

有

$$\begin{aligned}
&\dot{\boldsymbol{V}}_i(\boldsymbol{x},\boldsymbol{\rho})+\lambda\boldsymbol{V}_i(\boldsymbol{x},\boldsymbol{\rho})\leqslant\\
&-a\boldsymbol{x}^{\mathrm T}\boldsymbol{x}+2\boldsymbol{x}^{\mathrm T}\boldsymbol{P}_i(\boldsymbol{\rho})\boldsymbol{B}_i(\boldsymbol{\rho})\boldsymbol{K}_i(\boldsymbol{\rho})\boldsymbol{e}_x+\\
&2\boldsymbol{x}^{\mathrm T}\boldsymbol{P}_i\boldsymbol{B}_i\boldsymbol{K}_i\left\{\sum_{k=1}^{s}(\boldsymbol{e}_{\rho k}\widetilde{\boldsymbol{K}}_{ik})\boldsymbol{x}+\sum_{k=1}^{s}(\boldsymbol{e}_{\rho k}\widetilde{\boldsymbol{K}}_{ik})\boldsymbol{e}_x\right\}\leqslant\\
&-\|\boldsymbol{x}\|\left\{a\|\boldsymbol{x}\|-2\overline{pbk}\|\boldsymbol{e}_x\|-2\overline{pb}\sum_{k=1}^{s}(\bar{k}_{dk}\|\boldsymbol{e}_{\rho k}\|)\|\boldsymbol{x}\|-\right.\\
&\left.2\overline{pb}\sum_{k=1}^{s}(\bar{k}_{dk}\|\boldsymbol{e}_{\rho k}\|)\|\boldsymbol{e}_x\|\right\}
\end{aligned}$$

可以看出闭环系统子系统关于测量误差 $\boldsymbol{e}_x$ 和 $\boldsymbol{e}_\rho$ 是输入状态指数稳定的。

当不等式

$$\|\boldsymbol{e}_x\|<\eta(\boldsymbol{e}_\rho)\|\boldsymbol{x}\|=\frac{a-2\overline{pb}\sum\limits_{k=1}^{s}\{\bar{k}_{dk}\|\boldsymbol{e}_{\rho k}\|\}}{2\overline{pbk}+2\overline{pb}\sum\limits_{k=1}^{s}\{\bar{k}_{dk}\|\boldsymbol{e}_{\rho k}\|\}}\|\boldsymbol{x}\|$$

成立时，没有违反混合的事件触发条件。可得

$$\dot{\boldsymbol{V}}_i(\boldsymbol{x},\boldsymbol{\rho})+\lambda\boldsymbol{V}_i(\boldsymbol{x},\boldsymbol{\rho})\leqslant 0 \tag{7.13}$$

对 $\forall t\in[t_i,t_{i+1})$，得到 $\boldsymbol{V}_{\sigma(t_i)}(t)\leqslant\boldsymbol{V}_{\sigma(t_i)}(t_i)\mathrm{e}^{-\lambda(t-t_i)}$。由式(7.7)，对切换时刻 $t_0<t_1<\cdots<t_i<t$，得到

$$\begin{aligned}
&\boldsymbol{V}_{\sigma(t)}(t)\leqslant\mathrm{e}^{-\lambda(t-t_i)}\boldsymbol{V}_{\sigma(t)}(t_i)\leqslant\mathrm{e}^{-\lambda(t-t_i)}\mu\boldsymbol{V}_{\sigma(t_i^-)}(t_i^-)\leqslant\\
&\mathrm{e}^{-\lambda(t-t_i)}\mathrm{e}^{-\lambda(t_i-t_{i-1})}\mu\boldsymbol{V}_{\sigma(t_{i-1})}(t_{i-1})\leqslant\\
&\mathrm{e}^{-\lambda(t-t_{i-1})}\mu^2\boldsymbol{V}_{\sigma(t_{i-1}^-)}(t_{i-1}^-)\leqslant\\
&\cdots\leqslant\mathrm{e}^{-\lambda(t-t_0)}\mu^{N_{\sigma}(t_0,t)}\boldsymbol{V}_{\sigma(t_0)}(t_0)\leqslant\\
&\mathrm{e}^{N_0\ln\mu}\mathrm{e}^{-(\lambda-\frac{\ln\mu}{\tau_a})(t-t_0)}\boldsymbol{V}_{\sigma(t_0)}(t_0)
\end{aligned}\tag{7.14}$$

令 $\varepsilon_1=\min\limits_{i\in\boldsymbol{Z}_m,\boldsymbol{\rho}\in\rho}\{\lambda(\boldsymbol{P}_i(\boldsymbol{\rho}))\}$，$\varepsilon_2=\max\limits_{i\in\boldsymbol{Z}_m,\boldsymbol{\rho}\in\rho}\{\lambda(\boldsymbol{P}_i(\boldsymbol{\rho}))\}$，$\alpha=\sqrt{\frac{\varepsilon_2}{\varepsilon_1}\mathrm{e}\left(\frac{N_0\ln\mu}{2}\right)}$ 和 $\delta=\frac{1}{2}\left(\lambda-\frac{\ln\mu}{\tau_a}\right)>0$，其中 $\lambda(\boldsymbol{P}_i(\boldsymbol{\rho}))$ 是 $\boldsymbol{P}_i(\boldsymbol{\rho})$ 的特征根。那么由式(7.14)得到 $\|\boldsymbol{x}(t)\|\leqslant\alpha\mathrm{e}^{-\delta(t-t_0)}\|\boldsymbol{x}(t_0)\|$ 和 $\tau_a>\frac{\ln\mu}{\lambda}$，这表明切换系统式(7.9)在平均驻留时间切换规则下是指数稳定的。证毕。

注 7.2 与线性时不变系统相比，对 LPV 系统设计事件触发机制是比较困难的。因为需要把调度参数也传输给参数依赖的控制器，同时还要考虑参数的测量误差对触发条件的影响。

当把事件触发控制应用于实际系统时，需要避免触发过频的情况，换句话说，事件触发间隔的下界需要是一个正常数。下面将要研究应用参数相关事件触发条件式(7.10)时的触发间隔正下界问题。

7.3.2　计算触发时间间隔正下界

定理 7.2　考虑闭环系统式(7.9)。对任意的初始值 $\boldsymbol{x}(t_0)$ 和 $\boldsymbol{\rho}(t_0)$，如果存在常数 $\delta > 0$ 和 $\bar{v}_k > 0$ 满足 $\sum_{k=1}^{s}\{\bar{k}_{dk}\|\boldsymbol{e}_{\rho k}\|\} \leqslant \delta$ 和 $\|\dot{\boldsymbol{\rho}}_k\| \leqslant \bar{v}_k, k \in \mathbf{Z}_s$。那么，由事件触发条件式(7.10)决定的事件触发间隔 $\{t_{l+1}^x - t_l^x\}$ 的下界将由常数

$$\tau = \min\{\frac{\delta}{\sum_{k=1}^{s}\{\bar{k}_{dk}\bar{v}_k\}}, \tau_1\}$$

决定。其中

$$\tau_1 = \frac{\bar{a}}{\bar{b}^2\bar{k}^2}\left[\ln\left(1+\frac{\bar{a}}{\overline{bk}}\right) - \ln\left(1+\frac{\bar{a}}{\overline{bk}}\frac{1}{1+\dfrac{a-2\overline{pb}\delta}{2\overline{pbk}+2\overline{pb}\delta}}\right)\right] \tag{7.15}$$

$\max\limits_{i\in\mathbf{Z}_m,\boldsymbol{\rho}\in\rho}\{\|\boldsymbol{A}_i(\boldsymbol{\rho})\|\} \leqslant \bar{a}$，$\max\limits_{i\in\mathbf{Z}_m,\boldsymbol{\rho}\in\rho}\{\|\boldsymbol{P}_i(\boldsymbol{\rho})\|\} \leqslant \bar{p}$，$\max\limits_{i\in\mathbf{Z}_m,\boldsymbol{\rho}\in\rho}\{\|\boldsymbol{B}_i(\boldsymbol{\rho})\|\} \leqslant \bar{b}$，$\max\limits_{i\in\mathbf{Z}_m,\boldsymbol{\rho}\in\rho}\{\|\boldsymbol{K}_i(\boldsymbol{\rho})\|\} \leqslant \bar{k}$ 和 $\max\limits_{i\in\mathbf{Z}_m,\boldsymbol{\rho}\in\rho}(\|\int_0^1 \frac{\partial \boldsymbol{K}_i(\boldsymbol{\theta})}{\partial \boldsymbol{\theta}_k}|_{\boldsymbol{\theta}_k=\boldsymbol{\rho}_k+\tau\boldsymbol{e}_{\rho k}}\mathrm{d}\tau\|) \leqslant \bar{k}_{dk}, k \in \mathbf{Z}_s$。

证明: 取 $\max\limits_{i\in\mathbf{Z}_m,\boldsymbol{\rho}\in\rho}\{\|\boldsymbol{A}_i(\boldsymbol{\rho})\|\} \leqslant \bar{a}$。由闭环系统(7.9)，得到

$$\begin{aligned}\|\dot{\boldsymbol{x}}\| \leqslant\ & \|\boldsymbol{A}_i(\boldsymbol{\rho}) + \boldsymbol{B}_i(\boldsymbol{\rho})\boldsymbol{K}_i(\boldsymbol{\rho}+\boldsymbol{e}_\rho)\|\,\|\boldsymbol{x}\| + \\ & \|\boldsymbol{B}_i(\boldsymbol{\rho})\boldsymbol{K}_i(\boldsymbol{\rho}+\boldsymbol{e}_\rho)\|\,\|\boldsymbol{e}_x\| \leqslant \\ & (\bar{a}+\overline{bk})\|\boldsymbol{x}\| + \overline{bk}\|\boldsymbol{e}_x\|\end{aligned} \tag{7.16}$$

当 $\boldsymbol{x} \neq 0$ 时，通过计算 $\frac{\|\boldsymbol{e}_x\|}{\|\boldsymbol{x}\|}$ 的迪尼(Dini)导数，可以得出

$$\begin{aligned}& D^+\left(\frac{\|\boldsymbol{e}_x\|}{\|\boldsymbol{x}\|}\right) = D^+\frac{(\boldsymbol{e}_x^{\mathrm{T}}\boldsymbol{e}_x)^{1/2}}{(\boldsymbol{x}^{\mathrm{T}}\boldsymbol{x})^{1/2}} = \\ & \frac{(\boldsymbol{e}_x^{\mathrm{T}}\boldsymbol{e}_x)^{-1/2}\boldsymbol{e}_x^{\mathrm{T}}\dot{\boldsymbol{e}}_x(\boldsymbol{x}^{\mathrm{T}}\boldsymbol{x})^{1/2} - (\boldsymbol{x}^{\mathrm{T}}\boldsymbol{x})^{-1/2}\boldsymbol{x}^{\mathrm{T}}\dot{\boldsymbol{x}}(\boldsymbol{e}_x^{\mathrm{T}}\boldsymbol{e}_x)^{1/2}}{\boldsymbol{x}^{\mathrm{T}}\boldsymbol{x}} \leqslant \\ & \frac{\|\boldsymbol{e}_x\|\,\|\dot{\boldsymbol{x}}\|}{\|\boldsymbol{e}_x\|\,\|\boldsymbol{x}\|} + \frac{\|\boldsymbol{x}\|\,\|\dot{\boldsymbol{x}}\|\,\|\boldsymbol{e}_x\|}{\|\boldsymbol{x}\|\,\|\boldsymbol{x}\|\,\|\boldsymbol{x}\|} = \\ & \left(1+\frac{\|\boldsymbol{e}_x\|}{\|\boldsymbol{x}\|}\right)\frac{\|\dot{\boldsymbol{x}}\|}{\|\boldsymbol{x}\|} \leqslant \\ & \left(1+\frac{\|\boldsymbol{e}_x\|}{\|\boldsymbol{x}\|}\right)\left(\bar{a}+\overline{bk}+\overline{bk}\frac{\|\boldsymbol{e}_x\|}{\|\boldsymbol{x}\|}\right) = \\ & \bar{a}+\overline{bk}+(\bar{a}+\overline{bk}+\overline{bk})\frac{\|\boldsymbol{e}_x\|}{\|\boldsymbol{x}\|} + \overline{bk}\left(\frac{\|\boldsymbol{e}_x\|}{\|\boldsymbol{x}\|}\right)^2\end{aligned}$$

令 $y = \frac{\|\boldsymbol{e}_x\|}{\|\boldsymbol{x}\|}$，可以看出当 $\boldsymbol{e}_x = 0$ 时，有 $y = 0$。于是得到 $D^+y \leqslant \bar{a}+\overline{bk}+(\bar{a}+2\overline{bk})y+\overline{bk}y^2$。取

$$\dot{\varphi} = \bar{a}+\overline{bk}+(\bar{a}+2\overline{bk})\varphi+\overline{bk}\varphi^2 \tag{7.17}$$

并且有 $\varphi_0 = 0$。由比较原理，得到 $y(t) \leqslant \varphi(t,\varphi_0)$。

假定上一次触发时刻为 t_l^x。当 $\frac{\| \boldsymbol{e}_x \|}{\| \boldsymbol{x} \|}$ 由 0 变到 $\eta_l(\| \boldsymbol{e}_\rho \|)$ 时，在触发条件式(7.10)作用下，将引起下一次触发。由比较原理，事件触发的间隔 $\tau_l = \{t_{l+1}^x - t_l^x\}_{l\in \mathbf{N}}$ 的长度将大于 φ 由 0 变到 $\eta_l(\| \boldsymbol{e}_\rho \|)$ 所用的时间。解微分方程(7.17)，得到

$$\tau_l \geqslant \frac{\bar{a}}{\bar{b}^2\bar{k}^2}\left[\ln\left(1+\frac{\bar{a}}{\bar{b}\bar{k}}\right)-\ln\left(1+\frac{\bar{a}}{\bar{b}\bar{k}}\frac{1}{1+\eta_l(\| \boldsymbol{e}_\rho \|)}\right)\right] \tag{7.18}$$

当 $t = t_l^x$ 时有 $\| \boldsymbol{e}_{\rho k} \| = 0$。可以得到 $\eta(\| \boldsymbol{e}_\rho \|) = \eta_{\max} = \frac{a}{2\overline{pbk}} > 0$。因为触发间隔必须满足

$$\tau_l \geqslant \frac{\bar{a}}{\bar{b}^2\bar{k}^2}\left[\ln\left(1+\frac{\bar{a}}{\bar{b}\bar{k}}\right)-\ln\left(1+\frac{\bar{a}}{\bar{b}\bar{k}}\frac{1}{1+\frac{a}{2\overline{pbk}}}\right)\right] > 0$$

所以下一次触发不可能发生在时刻 $t = t_l^x$。因此，存在一个大于 0 的常数满足 $\sum_{k=1}^{s}\{\bar{k}_{dk}\| \boldsymbol{e}_{\rho k} \|\} \leqslant \delta$，得到 $\eta(\| \boldsymbol{e}_\rho \|) \geqslant \frac{a-2\overline{pbk}_d\delta}{2\overline{pbk}+2\overline{pbk}_d\delta} \stackrel{\det}{=} \zeta$。因为下一次触发只能出现在 $\| \boldsymbol{e}_x \| = \eta(\| \boldsymbol{e}_\rho \|)\| \boldsymbol{x} \|$ 的时刻，所以下一次触发不可能在时刻 $\frac{\| \boldsymbol{e}_x \|}{\| \boldsymbol{x} \|} = \zeta$ 时出现。因为 $\dot{\boldsymbol{\rho}}(t) \in \Omega_\rho$，所以存在一个大于 0 的常数满足 $\| \dot{\boldsymbol{\rho}}_k(t) \| \leqslant \bar{v}_k$。在时刻 t，有等式 $\sum_{k=1}^{s}\{\bar{k}_{dk}\| \boldsymbol{e}_{\rho k} \|\} = \delta$ 成立。由微分中值定理，得到

$$\delta = \sum_{k=1}^{s}\{\bar{k}_{dk}\| \boldsymbol{e}_{\rho k} \|\} = \sum_{k=1}^{s}\{\bar{k}_{dk}\| \boldsymbol{\rho}_k(t) - \boldsymbol{\rho}_k(t_l^x) \|\} =$$

$$\sum_{k=1}^{s}\{\bar{k}_{dk}\| \dot{\boldsymbol{\rho}}(\xi_k) \|\}(t-t_l^x) \leqslant \sum_{k=1}^{s}\{\bar{k}_{dk}\bar{v}_k\}(t-t_l^x)$$

其中，$\xi_k \in (t_l^x, t)$。因此得到 $t - t_l^x \geqslant \frac{\delta}{\sum_{k=1}^{s}\{\bar{k}_{dk}\bar{v}_k\}} > 0$。由式(7.18)，得到

$$\tau_1 \geqslant \frac{\bar{a}}{\bar{b}^2\bar{k}^2}\left[\ln\left(1+\frac{\bar{a}}{\bar{b}\bar{k}}\right)-\ln\left(1+\frac{\bar{a}}{\bar{b}\bar{k}}\frac{1}{1+\frac{a-2\overline{pbk}_d\delta}{2\overline{pbk}+2\overline{pbk}_d\delta}}\right)\right] > 0$$

于是，可以推断出事件触发的时间间隔有一个正常数下界为

$$\tau = \min\left\{\frac{\delta}{\sum_{k=1}^{s}\{\bar{k}_{dk}\bar{v}_k\}}, \tau_1\right\} > 0$$

证毕。

注 7.3 由不等式(7.18)可以看出一个较大的触发阈值将导致一个较大的触发时间间隔下界 τ。这表明事件触发的阈值越大，事件触发发生的次数越少，相邻两次触发之间的间隔也就越大。

在这一节中，所研究系统的控制器已经事先设计完毕。因此，矩阵函数 $\boldsymbol{K}_i(\boldsymbol{\rho})$，$\boldsymbol{P}_i(\boldsymbol{\rho})$ 以及它们相关的矩阵范数的界在设计触发条件之前都是已知的。因此可以设计状态和参数同时依赖的混和事件触发方案。当系统的控制器是待设计时，如果设计触发机制，需要把控制器和触

发机制同时进行设计，设计过程将和前面的情况不同。因此，需要对系统的状态和系统的调度参数分别设计触发机制。

7.4　事件触发机制与控制器同时设计

本节将对系统式(7.1)同时设计控制器和事件触发机制。在这种触发机制下，系统的状态 $\boldsymbol{x}(t)$ 和调度参数 $\boldsymbol{\rho}(t)$ 不需要同时更新。系统的状态和参数分别触发的触发条件如下所示：

$$\|\boldsymbol{e}_{\rho k}\| \geqslant \bar{\delta}_{\rho k},\bar{\delta}_{\rho k} > 0 \tag{7.19}$$

$$\|\boldsymbol{e}_x\| \geqslant \bar{\delta}_x \|\boldsymbol{x}\|,\bar{\delta}_x > 0 \tag{7.20}$$

其中，$\bar{\delta}_{\rho k}$、$\bar{\delta}_x$ 分别表示参数 $\boldsymbol{\rho}_k$ 的第 k 维分量和系统状态 $\boldsymbol{x}(t)$ 触发条件的阈值。当上面的触发条件不满足时，系统的状态 $\boldsymbol{x}(t)$ 和调试参数 $\boldsymbol{\rho}(t)$ 的采样数据将被分别传输给控制器增益矩阵 $\boldsymbol{K}_i(\boldsymbol{\rho})$，$i \in \mathbf{Z}_m$。切换 LPV 系统的调度参数和系统状态分别触发的系统结构示意图如图 7.2 所示。可以看出在系统结构示意图中有两个事件触发器监控触发条件。

接下来，在平均驻留时间切换方案下，将设计常数 $\bar{\delta}_{\rho k}$、$\bar{\delta}_x$ 以及控制器增益矩阵 $\boldsymbol{K}_i(\boldsymbol{\rho})$ 来镇定系统式(7.1)。

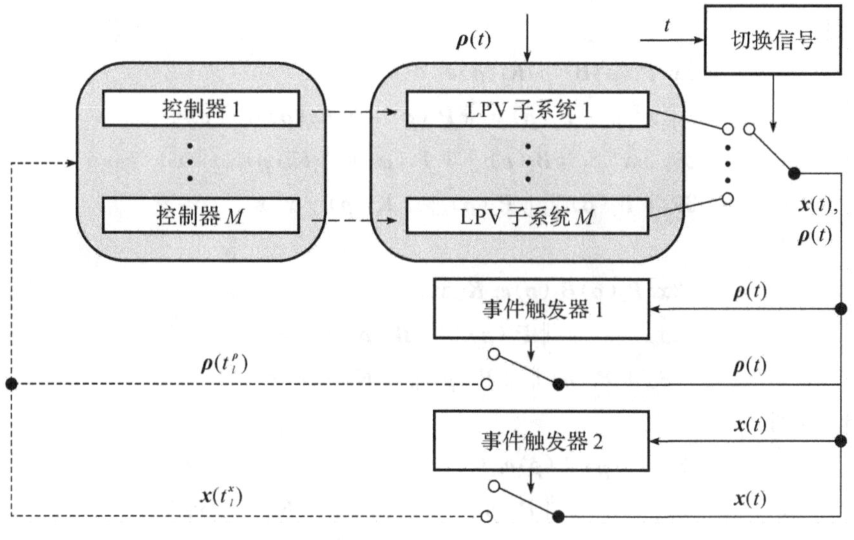

图 7.2　参数与状态分别触发的系统结构

7.4.1　触发条件和控制器的设计

定理 7.3　对给定的常数 $\lambda > 0$，$\mu > 1$，如果存在对称矩阵 $\boldsymbol{P}_i(\boldsymbol{\rho}) > 0$，矩阵 $\boldsymbol{K}_i(\boldsymbol{\rho})$，正常数 $\bar{\delta}_x$ 和正常数 $\bar{\delta}_{\rho k}$，使得下面的不等式

$$\mathrm{He}\{\boldsymbol{P}_i(\boldsymbol{\rho})[\boldsymbol{A}_i(\boldsymbol{\rho}) + \boldsymbol{B}_i(\boldsymbol{\rho})\boldsymbol{K}_i(\boldsymbol{\rho})]\} + \dot{\boldsymbol{P}}_i(\boldsymbol{\rho}) +$$
$$\lambda\boldsymbol{P}_i(\boldsymbol{\rho}) + 2\|\boldsymbol{B}_i(\boldsymbol{\rho})\| \|\boldsymbol{P}_i(\boldsymbol{\rho})\| [\bar{\delta}_x \|\boldsymbol{K}_i(\boldsymbol{\rho})\| +$$

$$(1+\bar{\delta}_x)\sum_{k=1}^{s}(\bar{\delta}_{\rho k}\parallel \widetilde{\boldsymbol{K}}_i(\boldsymbol{\rho},\boldsymbol{e}_\rho)\parallel)]\boldsymbol{I}<0 \tag{7.21}$$

$$\boldsymbol{P}_i(\boldsymbol{\rho})\leqslant \mu \boldsymbol{P}_j(\boldsymbol{\rho}) \tag{7.22}$$

成立,其中,$i,j\in \mathbf{Z}_m$,$k\in \mathbf{Z}_S$ 。那么,在平均驻留时间满足 $\tau_a\geqslant\tau_{a*}=\dfrac{\ln\mu}{\lambda}$ 的切换信号作用下,闭环系统式(7.8)是指数稳定的。其中

$$\widetilde{\boldsymbol{K}}_{ik}(\boldsymbol{\rho},\boldsymbol{e}_\rho)=\int_0^1\frac{\partial \boldsymbol{K}_i(\boldsymbol{\theta})}{\partial \boldsymbol{\theta}_k}\Big|_{\boldsymbol{\theta}_k=\boldsymbol{\rho}_k+\tau e_{\rho k}}\mathrm{d}\tau,\tau\in(0,1),\boldsymbol{\rho}\in\mathscr{P}$$

证明:选择切换系统子系统的类 Lyapunov 函数为 $\boldsymbol{V}_i(\boldsymbol{x},\boldsymbol{\rho})=\boldsymbol{x}^{\mathrm{T}}\boldsymbol{P}_i(\boldsymbol{\rho})\boldsymbol{x}$ 。对于测量误差 $\boldsymbol{e}_x$ 和 $\boldsymbol{e}_\rho$,由式(7.11)和式(7.12)得到

$$\begin{aligned}
&\dot{\boldsymbol{V}}_i(\boldsymbol{x},\boldsymbol{\rho})+\lambda\boldsymbol{V}_i(\boldsymbol{x},\boldsymbol{\rho})=\\
&2\{\boldsymbol{x}^{\mathrm{T}}\boldsymbol{P}_i(\boldsymbol{\rho})[\boldsymbol{A}_i(\boldsymbol{\rho})\boldsymbol{x}+\boldsymbol{B}_i(\boldsymbol{\rho})\boldsymbol{K}_i(\boldsymbol{\rho}+\boldsymbol{e}_\rho)(\boldsymbol{x}+\boldsymbol{e}_x)]\}+\\
&\boldsymbol{x}^{\mathrm{T}}\dot{\boldsymbol{P}}_i(\boldsymbol{\rho})\boldsymbol{x}+\lambda\boldsymbol{x}^{\mathrm{T}}\boldsymbol{P}_i(\boldsymbol{\rho})\boldsymbol{x}=\\
&\boldsymbol{x}^{\mathrm{T}}\{\mathrm{He}\{[\boldsymbol{A}_i(\boldsymbol{\rho})+\boldsymbol{B}_i(\boldsymbol{\rho})\boldsymbol{K}_i(\boldsymbol{\rho})]^{\mathrm{T}}\boldsymbol{P}_i(\boldsymbol{\rho})\}+\dot{\boldsymbol{P}}_i(\boldsymbol{\rho})+\lambda\boldsymbol{P}_i(\boldsymbol{\rho})\}\boldsymbol{x}+\\
&2\boldsymbol{x}^{\mathrm{T}}\boldsymbol{P}_i(\boldsymbol{\rho})\boldsymbol{B}_i(\boldsymbol{\rho})\boldsymbol{K}_i(\boldsymbol{\rho})\boldsymbol{e}_x+\\
&2\boldsymbol{x}^{\mathrm{T}}\boldsymbol{P}_i(\boldsymbol{\rho})\boldsymbol{B}_i(\boldsymbol{\rho})\Big\{\sum_{k=1}^{s}[\boldsymbol{e}_{\rho k}\widetilde{\boldsymbol{K}}_{ik}]\boldsymbol{x}+\sum_{k=1}^{s}[\boldsymbol{e}_{\rho k}\widetilde{\boldsymbol{K}}_{ik}]\boldsymbol{e}_x\Big\}
\end{aligned}$$

那么,可得到

$$\begin{aligned}
&2\boldsymbol{x}^{\mathrm{T}}\boldsymbol{P}_i(\boldsymbol{\rho})\boldsymbol{B}_i(\boldsymbol{\rho})\boldsymbol{K}_i(\boldsymbol{\rho})\boldsymbol{e}_x\leqslant\\
&2\parallel\boldsymbol{x}^{\mathrm{T}}\parallel\ \parallel\boldsymbol{B}_i(\boldsymbol{\rho})\parallel\ \parallel\boldsymbol{P}_i(\boldsymbol{\rho})\parallel\ \parallel\boldsymbol{K}_i(\boldsymbol{\rho})\parallel\ \parallel\boldsymbol{e}_x\parallel\leqslant\\
&2\delta_x\parallel\boldsymbol{x}^{\mathrm{T}}\parallel\ \parallel\boldsymbol{B}_i(\boldsymbol{\rho})\parallel\ \parallel\boldsymbol{P}_i(\boldsymbol{\rho})\parallel\ \parallel\boldsymbol{K}_i(\boldsymbol{\rho})\parallel\ \parallel\boldsymbol{x}\parallel=\\
&2\delta_x\parallel\boldsymbol{B}_i(\boldsymbol{\rho})\parallel\ \parallel\boldsymbol{P}_i(\boldsymbol{\rho})\parallel\ \parallel\boldsymbol{K}_i(\boldsymbol{\rho})\parallel\boldsymbol{x}^{\mathrm{T}}\boldsymbol{x}
\end{aligned}$$

还有

$$\begin{aligned}
&2\boldsymbol{x}^{\mathrm{T}}\boldsymbol{P}_i(\boldsymbol{\rho})\boldsymbol{B}_i(\boldsymbol{\rho})\boldsymbol{e}_{\rho k}\widetilde{\boldsymbol{K}}_{ik}\boldsymbol{x}\leqslant\\
&2\delta_{\rho k}\parallel\boldsymbol{x}^{\mathrm{T}}\parallel\ \parallel\boldsymbol{P}_i(\boldsymbol{\rho})\parallel\ \parallel\boldsymbol{B}_i(\boldsymbol{\rho})\parallel\ \parallel\widetilde{\boldsymbol{K}}_{ik}\parallel\ \parallel\boldsymbol{x}\parallel=\\
&2\delta_{\rho k}\parallel\boldsymbol{P}_i(\boldsymbol{\rho})\parallel\ \parallel\boldsymbol{B}_i(\boldsymbol{\rho})\parallel\ \parallel\widetilde{\boldsymbol{K}}_{ik}\parallel\boldsymbol{x}^{\mathrm{T}}\boldsymbol{x}
\end{aligned}$$

类似地,得到

$$\begin{aligned}
&2\boldsymbol{x}^{\mathrm{T}}\boldsymbol{P}_i(\boldsymbol{\rho})\boldsymbol{B}_i(\boldsymbol{\rho})\boldsymbol{e}_{\rho k}\widetilde{\boldsymbol{K}}_{ik}\boldsymbol{e}_x\leqslant\\
&2\delta_{\rho k}\parallel\boldsymbol{x}^{\mathrm{T}}\parallel\ \parallel\boldsymbol{P}_i(\boldsymbol{\rho})\parallel\ \parallel\boldsymbol{B}_i(\boldsymbol{\rho})\parallel\ \parallel\widetilde{\boldsymbol{K}}_{ik}\parallel\ \parallel\boldsymbol{e}_x\parallel\leqslant\\
&2\bar{\delta}_{\rho k}\bar{\delta}_x\parallel\boldsymbol{P}_i(\boldsymbol{\rho})\parallel\ \parallel\boldsymbol{B}_i(\boldsymbol{\rho})\parallel\ \parallel\widetilde{\boldsymbol{K}}_{ik}\parallel\boldsymbol{x}^{\mathrm{T}}\boldsymbol{x}
\end{aligned}$$

概括起来,如果下面的不等式

$$\begin{aligned}
&\mathrm{He}\{\boldsymbol{P}_i(\boldsymbol{\rho})[\boldsymbol{A}_i(\boldsymbol{\rho})+\boldsymbol{B}_i(\boldsymbol{\rho})\boldsymbol{K}_i(\boldsymbol{\rho})]\}+\dot{\boldsymbol{P}}_i(\boldsymbol{\rho})+\\
&\lambda\boldsymbol{P}_i(\boldsymbol{\rho})+2\bar{\delta}_x\parallel\boldsymbol{B}_i(\boldsymbol{\rho})\parallel\ \parallel\boldsymbol{P}_i(\boldsymbol{\rho})\parallel\ \parallel\boldsymbol{K}_i(\boldsymbol{\rho})\parallel\boldsymbol{I}+\\
&2(1+\bar{\delta}_x)\parallel\boldsymbol{B}_i(\boldsymbol{\rho})\parallel\ \parallel\boldsymbol{P}_i(\boldsymbol{\rho})\parallel\sum_{k=1}^{s}(\bar{\delta}_{\rho k}\parallel\widetilde{\boldsymbol{K}}_{ik}\parallel)\boldsymbol{I}<0
\end{aligned}\tag{7.23}$$

成立,则可以得到

$$\dot{\boldsymbol{V}}_i(\boldsymbol{x},\boldsymbol{\rho})+\lambda\boldsymbol{V}_i(\boldsymbol{x},\boldsymbol{\rho})\leqslant 0 \tag{7.24}$$

应用定理 7.3 中的条件表达式(7.21),可以保证不等式(7.23)成立,从而得到不等式(7.24)成立。

由不等式(7.24)，得到 $V_{\sigma(t_i)}(t) \leqslant V_{\sigma(t_i)}(t_i)\mathrm{e}^{-\lambda(t-t_i)}$ 对任意的 $t \in [t_i, t_{i+1})$ 成立。由式(7.22)，利用类似于定理 7.1 中的证明方法，在平均驻留时间满足 $\tau_a > \dfrac{\ln\mu}{\lambda}$ 的切换规则下，得到闭环系统式(7.9)是指数稳定的。证毕。

注 7.4　应用与定理 7.2 类似的证明方法，也能得到系统状态和调度参数分别触发的触发间隔的正常数下界。

(1)调度参数 $\boldsymbol{\rho}(t)$ 的触发间隔的正的最小下界。存在常数 $\bar{v}_k > 0$ 满足 $\|\dot{\boldsymbol{\rho}}_k(t)\| \leqslant \bar{v}_k$，得到

$$\bar{\delta}_{\rho k} = \|\boldsymbol{\rho}_k(t_{l+1}^{\rho}) - \boldsymbol{\rho}_k(t_l^{\rho})\| = \|\dot{\boldsymbol{\rho}}_k(\xi_k)\|(t_{l+1}^{\rho} - t_l^{\rho}) < \bar{v}_k(t_{l+1}^{\rho} - t_l^{\rho})$$

那么，得到调度参数的触发间隔的最小下界为

$$\tau_{\rho k} \geqslant \frac{\bar{\delta}_{\rho k}}{\bar{v}_k}$$

(2)系统状态触发间隔的最小正下界。按照与定理 7.2 类似的证明方法，得到触发间隔 $\boldsymbol{x}(t)$ 的下界为

$$\tau_x \geqslant \frac{\bar{a}}{\bar{b}^2\bar{k}^2}\left[\ln\left(1+\frac{\bar{a}}{\bar{b}\bar{k}}\right) - \ln\left(1+\frac{\bar{a}}{\bar{b}\bar{k}}\frac{1}{1+\delta_x}\right)\right]$$

注 7.5　在定理 7.3 中，事件触发的阈值 $\bar{\delta}_{\rho k}$ 是根据系统性能的要求而求得的。而在文献[68]和文献[70]中，$\bar{\delta}_{\rho k}$ 是在设计之前提前给定的。因此，本书的设计方案更具有合理性。文献[137]研究了切换时不变系统的事件触发控制问题，该文献只考虑了系统状态的触发问题。从触发机制的角度看，本书的研究内容可以包含文献[137]的研究结果。

注 7.6　在定理 7.3 中，调度参数的每一个分量都有一个触发的阈值 $\bar{\delta}_{\rho k}$。在事件触发控制方案的具体实施过程中，调度参数的每一分量都有自己的事件触发器来监测触发条件，但是这将增加系统结构的复杂性。一个替代的方案是所有的调度参数只用一个触发控制器。只要有一个参数分量误差超出触发条件阈值，所有的参数都将同时更新。尽管这样简化了系统结构，但是会增加触发次数。在具体实施时需要根据具体情况对这两种方案进行权衡。

由于定理 7.3 中的有些条件表达式关于待求的变量是非凸的。在下面的定理中，将把它们化为可解的不等式条件。

7.4.2　触发阈值和控制器矩阵的求解

定理 7.4　对给定的常数 $\lambda > 0, \mu > 1, \bar{\sigma}_i > 0, \bar{\sigma}_{di,k} > 0, \bar{\delta}_{P_i} > 0, k_{p_i} > 0$，如果存在对称的矩阵函数 $\boldsymbol{X}_i(\boldsymbol{\rho}) > 0$，矩阵 $\boldsymbol{W}_i(\boldsymbol{\rho})$，常数 $\bar{\delta}_x > 0$ 和 $\bar{\delta}_{\rho k} > 0$，使得下面的不等式

$$\begin{aligned}&\mathrm{He}\{[\boldsymbol{A}_i(\boldsymbol{\rho})\boldsymbol{X}_i(\boldsymbol{\rho}) + \boldsymbol{B}_i(\boldsymbol{\rho})\boldsymbol{W}_i(\boldsymbol{\rho})]\} - \dot{\boldsymbol{X}}_i(\boldsymbol{\rho}) + \\ &\lambda\boldsymbol{X}_i(\boldsymbol{\rho}) + 2k_{p_i}\bar{\delta}_{P_i}\|\boldsymbol{B}_i(\boldsymbol{\rho})\|\{\bar{\delta}_x\bar{\sigma}_i + \bar{\delta}_\rho\bar{\sigma}_{di}\}\boldsymbol{I} < 0\end{aligned} \tag{7.25}$$

$$\boldsymbol{X}_j(\boldsymbol{\rho}) \leqslant \mu\boldsymbol{X}_i(\boldsymbol{\rho}) \tag{7.26}$$

$$\begin{bmatrix} -\bar{\delta}_{P_i}^2\boldsymbol{I} & \boldsymbol{X}_i^{\mathrm{T}}(\boldsymbol{\rho}) \\ * & -\boldsymbol{I}\end{bmatrix} < 0 \tag{7.27}$$

$$\begin{bmatrix} -\bar{\sigma}_i^2\bar{\delta}_{P_i}^2\boldsymbol{I} & \boldsymbol{W}_i^{\mathrm{T}}(\boldsymbol{\rho}) \\ * & -\boldsymbol{I}\end{bmatrix} < 0 \tag{7.28}$$

$$\begin{bmatrix} -\bar{\sigma}_{di}^2 \bar{\delta}_{P_i}^2 \boldsymbol{I} & \widetilde{\boldsymbol{W}}_i^{\mathrm{T}}(\boldsymbol{e}_{\boldsymbol{\rho}}) \\ * & -\boldsymbol{I} \end{bmatrix} < 0 \tag{7.29}$$

成立。那么，在平均驻留时间满足 $\tau_a \geqslant \tau_{a*} = \dfrac{\ln\mu}{\lambda}$ 的切换信号和触发机制式(7.19)和式(7.20)的作用下，闭环系统式(7.9)是指数稳定的。其中求得的控制器增益矩阵为 $\boldsymbol{K}_i(\boldsymbol{\rho}) = \boldsymbol{W}_i(\boldsymbol{\rho})\boldsymbol{X}_i^{-1}(\boldsymbol{\rho})$，并且 $\bar{\delta}_{\boldsymbol{\rho}k} = \tilde{\delta}_{\boldsymbol{\rho}k}/(1+\bar{\delta}_{\boldsymbol{x}})$，$i,j \in \mathbf{Z}_m$。

证明：对式(7.21)两端同时乘以 $\boldsymbol{P}_i^{-1}(\boldsymbol{\rho})$，可得

$$\begin{aligned} &\mathrm{He}\{[\boldsymbol{A}_i + \boldsymbol{B}_i\boldsymbol{K}_i]\boldsymbol{P}_i^{-1}\} + \boldsymbol{P}_i^{-1}\dot{\boldsymbol{P}}_i\boldsymbol{P}_i^{-1} + \lambda\boldsymbol{P}_i^{-1} + \\ &2\delta_{\boldsymbol{x}} \|\boldsymbol{B}_i\| \|\boldsymbol{P}_i\| \|\boldsymbol{K}_i\| \boldsymbol{P}_i^{-\mathrm{T}}\boldsymbol{P}_i^{-1} + \\ &2(1+\bar{\delta}_{\boldsymbol{x}})\|\boldsymbol{B}_i\| \|\boldsymbol{P}_i\| \sum_{k=1}^{s}(\bar{\delta}_{\boldsymbol{\rho}k}\|\widetilde{\boldsymbol{K}}_{ik}\|)\boldsymbol{P}_i^{-\mathrm{T}}\boldsymbol{P}_i^{-1} < 0 \end{aligned} \tag{7.30}$$

因 $\boldsymbol{P}_i(\boldsymbol{\rho})\boldsymbol{P}_i^{-1}(\boldsymbol{\rho}) = \boldsymbol{I}$，对式子两端求导数得到

$$\frac{\mathrm{d}}{\mathrm{d}t}[\boldsymbol{P}_i(\boldsymbol{\rho})]\boldsymbol{P}_i^{-1}(\boldsymbol{\rho}) + \boldsymbol{P}_i(\boldsymbol{\rho})\frac{\mathrm{d}}{\mathrm{d}t}[\boldsymbol{P}_i^{-1}(\boldsymbol{\rho})] = 0$$

进一步得到

$$\boldsymbol{P}_i^{-1}(\boldsymbol{\rho})\frac{\mathrm{d}}{\mathrm{d}t}[\boldsymbol{P}_i(\boldsymbol{\rho})]\boldsymbol{P}_i^{-1}(\boldsymbol{\rho}) = -\dot{\boldsymbol{P}}_i^{-1}(\boldsymbol{\rho}) \tag{7.31}$$

因为存在一个常数 $\bar{\delta}_{P_i}$ 满足

$$\boldsymbol{P}_i^{-\mathrm{T}}(\boldsymbol{\rho})\boldsymbol{P}_i^{-1}(\boldsymbol{\rho}) < \bar{\delta}_{P_i}^2\boldsymbol{I} \tag{7.32}$$

所以把式(7.31)代入式(7.30)，可得

$$\begin{aligned} &\mathrm{He}\{[\boldsymbol{A}_i + \boldsymbol{B}_i\boldsymbol{K}_i]\boldsymbol{P}_i^{-1}\} - \dot{\boldsymbol{P}}_i^{-1} + \lambda\boldsymbol{P}_i^{-1} + \\ &2\|\boldsymbol{B}_i\| \cdot \|\boldsymbol{P}_i\| \{\bar{\delta}_{\boldsymbol{x}}\|\boldsymbol{K}_i\|\} \|\boldsymbol{P}_i^{-1}\|^2\boldsymbol{I} + \\ &(1+\bar{\delta}_{\boldsymbol{x}})2\|\boldsymbol{B}_i\| \|\boldsymbol{P}_i\| \sum_{k=1}^{s}\{\bar{\delta}_{\boldsymbol{\rho}k}\|\widetilde{\boldsymbol{K}}_{ik}\|\}\|\boldsymbol{P}_i^{-1}\|^2\boldsymbol{I} < 0 \end{aligned} \tag{7.33}$$

由 $\|\boldsymbol{P}_i(\boldsymbol{\rho})\| \|\boldsymbol{P}_i^{-1}(\boldsymbol{\rho})\| = \dfrac{\lambda_{\max}\boldsymbol{P}_i(\boldsymbol{\rho})}{\lambda_{\min}\boldsymbol{P}_i(\boldsymbol{\rho})} \overset{\det}{=} k_{p_i} \geqslant 1$，可得

$$\begin{aligned} &\mathrm{He}\{[\boldsymbol{A}_i + \boldsymbol{B}_i\boldsymbol{K}_i]\boldsymbol{P}_i^{-1}\} - \dot{\boldsymbol{P}}_i^{-1} + \lambda\boldsymbol{P}_i^{-1} + \\ &2k_{p_i}\|\boldsymbol{B}_i\| \{\bar{\delta}_{\boldsymbol{x}}\|\boldsymbol{K}_i\|\} \|\boldsymbol{P}_i^{-1}\|\boldsymbol{I} + \\ &2(1+\bar{\delta}_{\boldsymbol{x}})k_{p_i}\|\boldsymbol{B}_i\| \sum_{k=1}^{s}\{\bar{\delta}_{\boldsymbol{\rho}k}\|\widetilde{\boldsymbol{K}}_{ik}\|\}\|\boldsymbol{P}_i^{-1}\|\boldsymbol{I} < 0 \end{aligned}$$

又因为 $\boldsymbol{P}_i^{-\mathrm{T}}(\boldsymbol{\rho})\boldsymbol{P}_i^{-1}(\boldsymbol{\rho}) \leqslant \bar{\delta}_{P_i}^2\boldsymbol{I}$，所以有 $\|\boldsymbol{P}_i^{-1}(\boldsymbol{\rho})\| \leqslant \bar{\delta}_{P_i}$ 成立。因此，有

$$\begin{aligned} &\mathrm{He}\{[\boldsymbol{A}_i + \boldsymbol{B}_i\boldsymbol{K}_i]\boldsymbol{P}_i^{-1}\} - \dot{\boldsymbol{P}}_i^{-1} + \lambda\boldsymbol{P}_i^{-1} + \\ &2k_{p_i}\bar{\delta}_{P_i}\|\boldsymbol{B}_i\| \bar{\delta}_{\boldsymbol{x}}\|\boldsymbol{K}_i\|\boldsymbol{I} + \\ &2k_{p_i}\bar{\delta}_{P_i}\|\boldsymbol{B}_i\|(1+\bar{\delta}_{\boldsymbol{x}})\sum_{k=1}^{s}\{\bar{\delta}_{\boldsymbol{\rho}k}\|\widetilde{\boldsymbol{K}}_{ik}\|\}\boldsymbol{I} < 0 \end{aligned} \tag{7.34}$$

因为 $\boldsymbol{K}_i^{\mathrm{T}}(\boldsymbol{\rho})\boldsymbol{K}_i(\boldsymbol{\rho}) \leqslant \sigma^2(\boldsymbol{K}_i(\boldsymbol{\rho}))\boldsymbol{I}$ 和 $\widetilde{\boldsymbol{K}}_{ik}^{\mathrm{T}}(\boldsymbol{\rho},\boldsymbol{e}_{\boldsymbol{\rho}})\widetilde{\boldsymbol{K}}_{ik}(\boldsymbol{\rho},\boldsymbol{e}_{\boldsymbol{\rho}}) \leqslant \sigma_{di}^2(\widetilde{\boldsymbol{K}}_{ik}(\boldsymbol{\rho},\boldsymbol{e}_{\boldsymbol{\rho}}))\boldsymbol{I}$，所以存在常数 $\bar{\sigma}_i > 0$ 和 $\bar{\sigma}_{di} > 0$ 满足

$$\|\boldsymbol{K}_i(\boldsymbol{\rho})\| < \bar{\sigma}_i \tag{7.35}$$

$$\|\boldsymbol{K}_{ik}(\boldsymbol{\rho},\boldsymbol{e}_{\boldsymbol{\rho}})\| < \bar{\sigma}_{dik} \tag{7.36}$$

其中，$\sigma(\boldsymbol{K}_i(\boldsymbol{\rho}))$ 和 $\sigma_{dik}(\widetilde{\boldsymbol{K}}_{ik}(\boldsymbol{\rho},\boldsymbol{e}_\rho))$ 是矩阵 $\boldsymbol{K}_i(\boldsymbol{\rho})$ 和 $\widetilde{\boldsymbol{K}}_{ik}(\boldsymbol{\rho},\boldsymbol{e}_\rho)$ 的最大奇异值。于是，得到

$$\begin{aligned}&\mathrm{He}\{[\boldsymbol{A}_i(\boldsymbol{\rho})+\boldsymbol{B}_i(\boldsymbol{\rho})\boldsymbol{K}_i(\boldsymbol{\rho})]\boldsymbol{P}_i^{-1}(\boldsymbol{\rho})\}-\dot{\boldsymbol{P}}_i^{-1}(\boldsymbol{\rho})+\lambda\boldsymbol{P}_i^{-1}(\boldsymbol{\rho})+\\&2k_{p_i}\bar{\delta}_{P_i}\|\boldsymbol{B}_i(\boldsymbol{\rho})\|\left\{\bar{\delta}_x\bar{\sigma}_i+(1+\bar{\delta}_x)\sum_{k=1}^{s}[\bar{\delta}_{\rho k}\bar{\sigma}_{dik}]\right\}\boldsymbol{I}<0\end{aligned}\tag{7.37}$$

对式(7.22)、式(7.35)和式(7.36)两侧同时乘以 $\boldsymbol{P}_i^{-1}(\boldsymbol{\rho})$，得到

$$\boldsymbol{P}_j^{-1}(\boldsymbol{\rho})\leqslant\mu\boldsymbol{P}_i^{-1}(\boldsymbol{\rho})\tag{7.38}$$

$$\boldsymbol{P}_i^{-1}(\boldsymbol{\rho})\boldsymbol{K}_i^{\mathrm{T}}(\boldsymbol{\rho})\boldsymbol{K}_i(\boldsymbol{\rho})\boldsymbol{P}_i^{-1}(\boldsymbol{\rho})<\bar{\sigma}_i^2\bar{\sigma}_{Pi}^2\boldsymbol{I}\tag{7.39}$$

$$\boldsymbol{P}_i^{-1}(\boldsymbol{\rho})\widetilde{\boldsymbol{K}}_{ik}^{\mathrm{T}}(\boldsymbol{\rho},\boldsymbol{e}_\rho)\widetilde{\boldsymbol{K}}_{ik}(\boldsymbol{\rho},\boldsymbol{e}_\rho)\boldsymbol{P}_i^{-1}(\boldsymbol{\rho})<\bar{\sigma}_{dik}^2\bar{\sigma}_{Pi}^2\boldsymbol{I}\tag{7.40}$$

取

$$\boldsymbol{W}_i(\boldsymbol{\rho})=\boldsymbol{K}_i(\boldsymbol{\rho})\boldsymbol{P}_i^{-1}(\boldsymbol{\rho})\tag{7.41}$$

$$\widetilde{\boldsymbol{W}}_i(\boldsymbol{\rho})=\widetilde{\boldsymbol{K}}_i(\boldsymbol{e}_\rho)\boldsymbol{P}_i^{-1}(\boldsymbol{\rho})\tag{7.42}$$

$$\boldsymbol{X}_i(\boldsymbol{\rho})=\boldsymbol{P}_i^{-1}(\boldsymbol{\rho})\tag{7.43}$$

$$\bar{\delta}_{\rho k}=(1+\bar{\delta}_x)[\bar{\delta}_{\rho k}\bar{\sigma}_{dik}]\tag{7.44}$$

把式(7.43)代入式(7.38)，应用定理条件式(7.26)可以保证式(7.38)成立。把式(7.43)代入式(7.32)，对定理条件式(7.27)应用 Schur 补引理可以保证式(7.32)成立。接下来，把式(7.41)、式(7.43)和式(7.44)代入式(7.37)，由定理 7.4 的条件式(7.25)可以保证式(7.37)成立。分别用式(7.41)和式(7.42)代替不等式(7.39)和不等式(7.40)。然后，由 Schur 补引理 2.1，应用定理 7.4 的条件式(7.28)和式(7.29)，能保证式(7.39)和式(7.40)成立。从而使问题可解并得到要设计的控制器和事件触发阈值。证毕。

7.5　仿真例子

本节将通过一个发动机的例子来说明所设计事件触发控制策略的有效性。下面的目标是用所设计的控制方法来镇定一个航空发动机模型。

在这里使用的发动机是第 2 章所介绍的一类双转子涡扇发动机。仿真所用的数据来自于文献[106]。在本节中，发动机模型的叙述参见本节前面章节。所建立的切换 LPV 模型如下：

$$\dot{\boldsymbol{x}}(t)=\boldsymbol{A}_\sigma(m)\boldsymbol{x}(t)+\boldsymbol{B}_\sigma(m)\boldsymbol{u}(t)$$

其中，$\boldsymbol{x}(t)=[\Delta N_{\mathrm{f}}\quad\Delta N_{\mathrm{c}}]^{\mathrm{T}}$，$\boldsymbol{u}(t)=\Delta W_{\mathrm{F}}$。$\Delta N_{\mathrm{f}}=N_{\mathrm{f}}-N_{\mathrm{fe}}$ 和 $\Delta N_{\mathrm{c}}=N_{\mathrm{c}}-N_{\mathrm{ce}}$ 是 N_{f} 和 N_{c} 的改变量，$\Delta W_{\mathrm{F}}=W_{\mathrm{F}}-W_{\mathrm{Fe}}$ 是燃油流量 W_{F} 的改变量。

发动机模型的系统矩阵如下：

$$\begin{cases}\boldsymbol{A}_1(m)=\begin{bmatrix}-3.523 & 1.292\\0.422 & -4.146\end{bmatrix}+m\begin{bmatrix}1.012 & 0.349\\1.175 & 0.491\end{bmatrix}\\\boldsymbol{A}_2(m)=\begin{bmatrix}-3.786 & 1.417\\0.503 & -4.606\end{bmatrix}+m\begin{bmatrix}-1.07 & 0.327\\1.357 & -0.934\end{bmatrix}\\\boldsymbol{B}_1(m)=\begin{bmatrix}216.763\\593.74\end{bmatrix}+m\begin{bmatrix}289.7\\1\,034.3\end{bmatrix}\\\boldsymbol{B}_2(m)=\begin{bmatrix}228.164\\645.989\end{bmatrix}+m\begin{bmatrix}-21.460\\-44.334\end{bmatrix}\end{cases}$$

已经设计好的闭环系统式(7.8)的控制器增益矩阵为

$$\begin{cases}\boldsymbol{K}_1(m)=[-0.0034 \quad -0.0013]+m[0.0009 \quad 0.0057]\\ \boldsymbol{K}_2(m)=[-0.0030 \quad -0.0013]+m[-0.0003 \quad 0.0057]\end{cases}$$

调度参数马赫数 m 的取值在集合 $p=[0.25,0.85]$ 内，假设它的导数范围为 $[-0.3,0.3]$ 。

下面将针对闭环系统式(7.8)，给出混合事件触发机制下触发控制的仿真结果。控制器增益满足条件式(7.6)和式(7.7)。系统状态 $\boldsymbol{x}(t)$ 的初始值取为 $\boldsymbol{x}(t_0)=[\Delta N_{l0} \quad \Delta N_{h0}]=[-1 \quad 1.5]^{\mathrm{T}}$ 。对于平均驻留时间切换规则，取其参数为 $\lambda=0.28$ 和 $\mu=10$ 。得到切换信号满足的平均驻留时间条件为 $\tau_{\mathrm{a}}\geqslant 3.571$ 。

平均驻留时间的切换信号如图 7.3 所示。系统的调度参数 m 和其更新的数据 m_k 在图 7.4 中给出。取不等式(7.6)中的常数为 $a=10$，系统的状态 $\boldsymbol{x}(t)$ 和触发更新后的控制输入 $\boldsymbol{u}(t)$ 如图 7.5 所示。事件触发的时间间隔和可变的事件触发阈值如图 7.6 所示。在图 7.6 上面的子图中，针状图的横坐标表示采样的时刻，针状图的纵坐标表示触发的间隔。纵坐标值越大，表示事件触发的间隔越大。

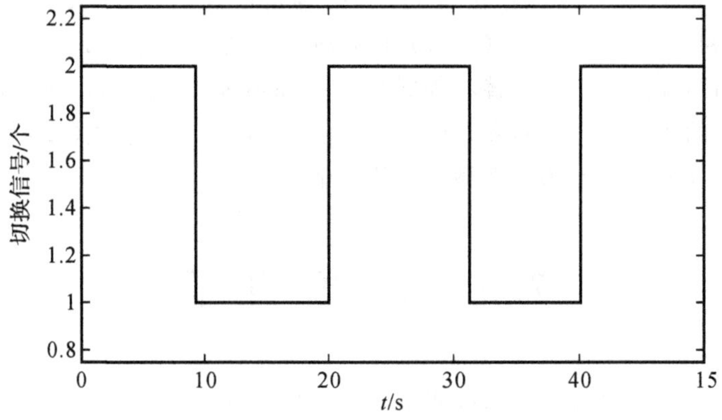

图 7.3　平均驻留时间切换信号

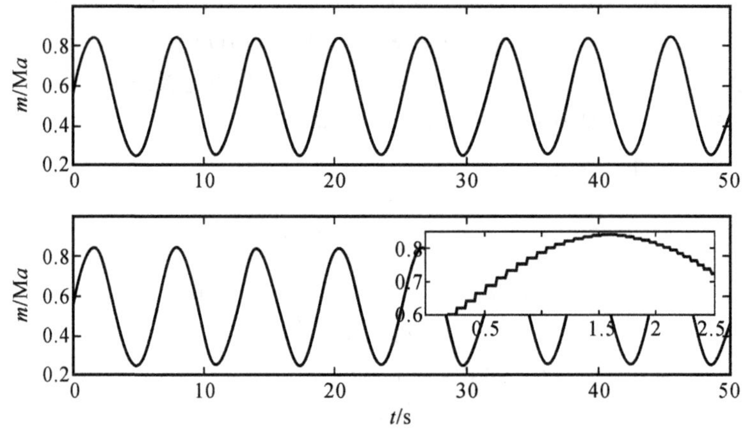

图 7.4　马赫数 m 和触发的马赫数 m_k

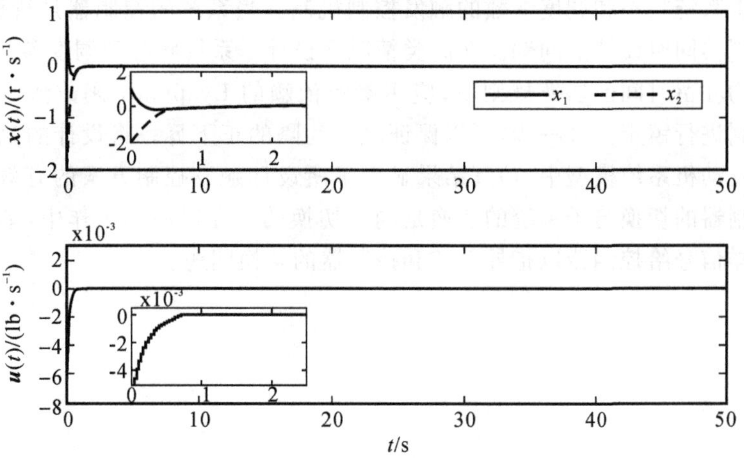

图 7.5　系统状态 $\boldsymbol{x}(t)$ 和触发的控制输入 $u(t)$

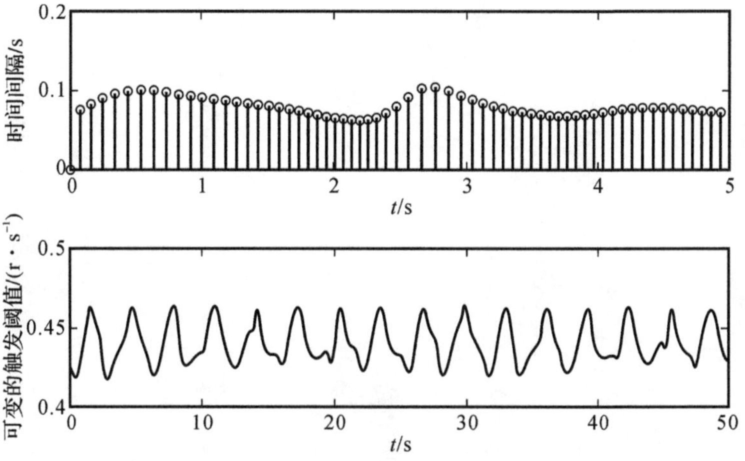

图 7.6　事件触发的间隔和可变的触发阈值

与文献[68]中处理离散的 LPV 系统的分开的触发方法相比，选取与该文献相同的参数触发阈值为 $\delta_{\rho}=0.001$ 。常数 α 都取为 $a=10$，并且取仿真的运行时间 $t=50$ s。用本章混合触发控制方法产生的触发总次数为 650 。而应用文献[68]的方案后触发次数如下：它的参数的触发次数为 4 272 次，系统状态的触发次数为 500 次，它的总的触发次数为 4 772 次，远远超过本章所设计的混合的触发方案的次数。而且在实际实施过程中，文献[68]的方法需要两个事件触发器监控触发条件，而本章设计的方法只需要一个事件触发器。因此本章的方案更便于在实际中实施。

7.6　本 章 小 结

本章研究了切换 LPV 系统的事件触发控制问题。当系统的控制器已经设计好时，设计了一种同时依赖于系统状态和调度参数的触发控制机制。当系统的控制器是待设计时，研究了触发机制和控制器同时设计的问题。在此类情况下设计了系统状态和调度参数分别触发的触发机制。在平均驻留时间的切换规则下，应用参数依赖的 Lyapunov 函数法，切换 LPV 系统可以经触发控制进行镇定。进一步，可以保证触发间隔的正下界。将设计的触发控制方案应用于一个航空发动机系统模型中，仿真结果显示了所设计触发控制方案的有效性。在本章中假设系统的控制器的切换与子系统的切换是同步切换的。在以后的工作中，笔者将考虑传输切换信号的采样信号给控制器以指导系统和控制器的切换问题。

第8章 结论与展望

8.1 本书的主要结论

本书研究了切换 LPV 系统的镇定及 H_∞ 控制问题。针对一般的切换 LPV 系统,笔者研究了事件触发机制下的镇定、模型参考的状态跟踪控制、带有执行器饱和的 H_∞ 控制等问题。当系统的状态不可测时,笔者研究了切换 LPV 系统的滤波问题以及系统的故障检测与控制问题。在应用参数依赖的多 Lyapunov 函数法的基础上,采用了参数依赖的切换方法、参数和状态同时依赖的最小切换方法、平均驻留时间方法以及模型依赖的平均驻留时间方法,通过对系统控制器和切换规则的设计,给出了上述问题的可解的充分条件。本书的研究以航空发动机的切换 LPV 模型为背景,为相关实际问题的解决提供了理论保证和有效的设计方法。本书的研究成果可总结如下:

(1)研究了切换 LPV 系统的模型参考 H_∞ 跟踪问题。通过设计参数依赖的切换方法以及状态反馈的控制器,使得 H_∞ 跟踪问题可解。按照参数依赖的切换规则充分反映了外部参数的变化对系统的影响。

(2)研究了带有执行器饱和的切换 LPV 系统的扰动容许问题和 L_2 增益分析问题。按照参数依赖的切换规则研究了切换 LPV 系统的扰动容许能力问题。为了克服单纯依靠外部参数不能充分反映系统内部动态的特点,又设计了参数和系统状态同时依赖的最小切换规则以研究带有执行器饱和的切换 LPV 系统的 L_2 增益分析问题,都给出了解决所研究问题的充分条件并化成 LMI。

(3)研究了切换 LPV 系统的 H_∞ 滤波问题。设计了依赖于系统调度参数和滤波器状态的切换规则和依赖于滤波器状态的控制器。即使任何一个子系统的滤波问题都不可解,但仍可以通过设计切换规则和控制器来解决切换系统 H_∞ 滤波问题。

(4)研究了应用模型依赖平均驻留时间的切换规则的切换 LPV 系统的故障检测滤波器与控制器同时设计问题。应用模型依赖平均驻留时间切换规则,使每个子系统都有各自的平均驻留时间,以增加设计灵活性。系统调度参数受扰动、测量噪声等的影响,得不到调度参数的准确测量值,因而设计了依赖于其测量值的故障检测滤波器和控制器。在此设计方案下仍能实现控制目标。

(5)研究了切换 LPV 系统的事件触发控制问题。在事件触发机制下把调度参数和系统状态的采样值同时输送到控制器中。当控制器已事先设计时,设计了同时依赖于系统状态和调度参数的触发机制。该触发机制可大幅度降低触发次数。当控制器待设计时,设计了分别依赖于系统状态和调度参数的触发机制。设计的方案放宽了控制器的调度参数需要在线获得的条件，调度参数的触发机制不需要预先给定，并得到了触发时间间隔的正下界。应用平均驻留时间切换方法，切换 LPV 的闭环系统关于测量误差是输入状态指数稳定的。

8.2 对未来研究工作的展望

由于切换系统本身及其动态以及切换 LPV 系统都具有相当大的复杂性，所以，尽管该研究领域已经取得了许多有价值的研究成果，但还是存在很多理论问题以及实际问题有待解决。下面是笔者在今后将要继续研究的问题。

(1)调度参数对系统状态的影响问题。本书所研究的切换 LPV 系统的相关控制问题都没有考虑调度参数与系统状态之间具体的影响。对系统的分析与综合设计过程中忽略了参数对系统中的动态变量之间的联系。要想深入地研究切换 LPV 系统，需要考虑参数与状态之间有关联的情况，尤其是系统的状态本身也作为调度参数的情况。这些问题有待进一步研究。

(2)参数不确定性问题。在实际问题中，任何信号的传输都不可避免地受到外部环境、设备之间等干扰的影响，另外调度参数中也不可避免地存在不确定性，这些会导致调度参数在传输中有时滞延迟问题以及参数测量时的误差问题等。这些问题有待深入研究。

(3)非线性的变参数系统。在工程实际中控制系统都是非线性的。仅根据调度参数的影响把非线性的控制系统建模成 LPV 模型或切换 LPV 模型，会忽略非线性系统本身固有的一些动态特性。非线性系统本身的复杂特性以及切换系统的复杂动态，使得非线性系统的变参数问题以及切换非线性系统的变参数问题变得愈加复杂。以后将考虑研究非线性系统的变参数问题。

(4)提高故障检测问题的准确性。在切换 LPV 系统的故障检测研究中，减小故障检测中的误报率以及漏报率是一个值得关注的问题。实际控制系统经常会含有不确定参数和受到各种外部干扰的影响，这些都会对故障检测的准确性产生影响。因此，如何提高故障检测的准确性有待研究。

(5)离散时间切换 LPV 系统的控制问题。目前数字控制器在实际控制中已经得到广泛应用，许多实际的控制系统都可以转化为离散时间的控制系统。对离散时间的切换 LPV 系统的控制问题进行研究具有更实际的意义。因此，有必要用离散时间系统理论考虑系统状态与调度参数等信号的采样与量化等问题。

(6)切换 LPV 控制的实际应用问题。目前针对切换 LPV 系统控制的研究基本都停留在理论层面上，切换 LPV 系统的控制方法可用来解决许多实际控制问题。因此，用这些方法解决工程实际问题还需要进一步的研究。

参考文献

[1] WITSENHAUSEN H. A class of hybrid-state continuous-time dynamic systems[J]. IEEE Transactions on Automatic Control, 1966, 11(2): 161－167.

[2] CELLIER F E. Combined continuous/discrete system simulation languages: usefulness, experiences and future development[J]. ACM SIGSIM Simulation Digest, 1977, 9(1): 18－21.

[3] ALUR R, COURCOUBETIS C, HENZINGER T, et al. The algorithmic analysis of hybrid systems [C]//Guy Cohen, Jean-Pierre Quadrat. Proceedings of the 11th International Conference on Analysis and Optimization of Systems Discrete Event Systems. Berlin/Heidelberg: Springer, 1994: 329－351.

[4] JOHANSSON M, RANTZER A. Computation of piecewise quadratic Lyapunov functions for hybrid systems[J]. IEEE Transactions on Automatic Control, 1998, 43(4): 555－559.

[5] JEON D, TOMIZUKA M. Learning hybrid force and position control of robot manipulators[J]. IEEE Transactions on Robotics and Automation, 1993, 9(4): 423－431.

[6] TOMLIN C, PAPPAS G J, SASTRY S. Conflict resolution for air traffic management: a study in multiagent hybrid systems [J]. IEEE Transactions on Automatic Control, 1998, 43(4): 509－521.

[7] DONKERS M C F, HEEMELS W, VAN DE WOUW N, et al. Stability analysis of networked control systems using a switched linear systems approach [J]. IEEE Transactions on Automatic Control, 2011, 56(9): 2101－2115.

[8] LIBERZON D. Switching in systems and control[M]. Boston: Springer Science & Business Media, 2003.

[9] MORARI M, BAOTIC M, BORRELLI F. Hybrid system modeling and control[J]. European Journal of Control, 2003, 9(2/3): 177－189.

[10] KIM S K, JEON J H, CHO C H, et al. Dynamic modeling and control of a grid-connected hybrid generation system with versatile power transfer [J]. IEEE Transactions on Industrial Electronics, 2008, 55(4): 1677－1688.

[11] TRENTELMAN H L, WILLEMS J C. Essays on control: perspectives in the theory and its applications[M]. New York: Springer Science & Business Media, 2012.

[12] LU B, WU F. Switching LPV control designs using multiple parameter-dependent Lyapunov functions[J]. Automatica, 2004, 40(11): 1973－1980.

[13] POWELL B K, BAILEY K E, CIKANEK S R. Dynamic modeling and control of hybrid electric vehicle powertrain systems[J]. IEEE Control Systems, 1998, 18(5):

17 - 33.
[14] ALLISON A, ABBOTT D. Some benefits of random variables in switched control systems[J]. Microelectronics Journal, 2000, 31(7): 515 - 522.
[15] MORRIS B, GRIZZLE J W. Hybrid invariant manifolds in systems with impulse effects with application to periodic locomotion in bipedal robots[J]. IEEE Transactions on Automatic Control, 2009, 54(8): 1751 - 1764.
[16] LIBERZON D, MORSE A S. Basic problems in stability and design of switched systems[J]. IEEE Control Systems, 1999, 19(5): 59 - 70.
[17] SUN Z, GE S S. Analysis and synthesis of switched linear control systems[J]. Automatica, 2005, 41(2): 181 - 195.
[18] 程代展，郭宇骞. 切换系统进展[J]. 控制理论与应用，2005, 22(6): 954 - 960.
[19] LIN H, ANTSAKLIS P J. Stability and stabilizability of switched linear systems: a survey of recent results[J]. IEEE Transactions on Automatic Control, 2009, 54(2): 308 - 322.
[20] 俞立. 鲁棒控制：线性矩阵不等式处理方法[M]. 北京：清华大学出版社，2002.
[21] SHORTEN R, WIRTH F, MASON O, et al. Stability criteria for switched and hybrid systems[J]. SIAM Review, 2007, 49(4): 545 - 592.
[22] SUN Z. Switched linear systems: control and design[M]. London: Springer Science & Business Media, 2006.
[23] CHENG D, GUO L, LIN Y, et al. Stabilization of switched linear systems[J]. IEEE Transactions on Automatic Control, 2005, 50(5): 661 - 666.
[24] XU X, ANTSAKLIS P J. Optimal control of switched systems based on parameterization of the switching instants[J]. IEEE Transactions on Automatic Control, 2004, 49(1): 2 - 16.
[25] LOXTON R C, TEO K L, REHBOCK V. Computational method for a class of switched system optimal control problems[J]. IEEE Transactions on Automatic Control, 2009, 54(10): 2455 - 2460.
[26] ZHAI G, XU X, LIN H, et al. An extension of lie algebraic stability analysis for switched systems with continuous-time and discrete-time subsystems[C]//IEEE. Proceedings of the 2006 IEEE International Conference on Networking, Sensing and Control. Piscataway: IEEE Press, 2006: 362 - 367.
[27] BRANICKY M S. Multiple Lyapunov functions and other analysis tools for switched and hybrid systems[J]. IEEE Transactions on Automatic Control, 1998, 43(4): 475 - 482.
[28] HESPANHA J P, MORSE A S. Stability of switched systems with average dwelltime[C]//IEEE. Proceedings of the 38th IEEE Conference Decision and Control. Piscataway: IEEE Press, 1999: 2655 - 2660.
[29] MORSE A S. Supervisory control of families of linear set-point controllers: part I (exact matching)[J]. IEEE Transactions on Automatic Control, 1996, 41(10):

1413 - 1431.

[30] ZHAO X, ZHANG L, SHI P, et al. Stability and stabilization of switched linear systems with mode-dependent average dwell time [J]. IEEE Transactions on Automatic Control, 2012, 57(7): 1809 - 1815.

[31] ZHAO J, HILL D J. On stability, L_2-gain and H_∞ control for switched systems[J]. Automatica, 2008, 44(5): 1220 - 1232.

[32] SUN X M, ZHAO J, HILL D J. Stability and L_2-gain analysis for switched delay systems: a delay-dependent method[J]. Automatica, 2006, 42(10): 1769 - 1774.

[33] ZHANG W, HU J. Dynamic buffer management using optimal control of hybrid systems[J]. Automatica, 2008, 44(7): 1831 - 1840.

[34] SUN X M, WANG W. Integral input-to-state stability for hybrid delayed systems with unstable continuous dynamics[J]. Automatica, 2012, 48(9): 2359 - 2364.

[35] ALLERHAND L I, SHAKED U. Robust state-dependent switching of linear systems with dwell time[J]. IEEE Transactions on Automatic Control, 2013, 58(4): 994 - 1001.

[36] ALLERHAND L I, SHAKED U. Robust stability and stabilization of linear switched systems with dwell time[J]. IEEE Transactions on Automatic Control, 2011, 56(2): 381 - 386.

[37] DUAN C, WU F. Analysis and control of switched linear systems via dwell-time mi-switching[J]. Systems & Control Letters, 2014, 70: 8 - 16.

[38] ZHAO J, HILL D J. Passivity and stability of switched systems: a multiple storage function method[J]. Systems & Control Letters, 2008, 57(2): 158 - 164.

[39] ZHAO J, HILL D J. Dissipativity theory for switched systems[J]. IEEE Transac - tions on Automatic Control, 2008, 53(4): 941 - 953.

[40] MAGNI J, SAMIR B, JAN T. Robust flight control: a design challenge [M]. Berlin: Springer, 1997.

[41] PADDISON F C. The Talos control system [J]. Johns Hopkins APL Technical Digest, 1982, 3(2): 154 - 156.

[42] SHAMMA J S, CLOUTIER J R. Gain-scheduled missile autopilot design using linear parameter varying transformations[J]. Journal of Guidance, Control, and Dynamics, 1993, 16(2): 256 - 263.

[43] SHAHRUZ S M, BEHTASH S. Design of controllers for linear parameter-varying systems by the gain scheduling technique[C]//IEEE. Proceedings of the 29th IEEE Conference on Decision and Control. Piscataway: IEEE Press, 1990: 2490 - 2491.

[44] SHAMMA J S, ATHANS M. Analysis of gain scheduled control for nonlinear plants [J]. IEEE Transactions on Automatic Control, 1990, 35(8): 898 - 907.

[45] APKARIAN P, GAHINET P, BECKER G. Self - scheduled H_∞ control of linear parameter - varying systems: a design example[J]. Automatica, 1995, 31(9): 1251 - 1261.

[46] RUGH W J, SHAMMA J S. Research on gain scheduling[J]. Automatica, 2000,36(10): 1401 - 1425.

[47] APKARIAN P, GAHINET P. A convex characterization of gain-scheduled H_∞ controllers[J]. IEEE Transactions on Automatic Control, 1995,40(5): 853 - 864.

[48] BECKER G, PACKARD A, PHILBRICK D, et al. Control of parametrically-dependent linear systems: a single quadratic Lyapunov approach [C]//IEEE. Proceedings of American Control Conference. Piscataway: IEEE Press, 1993: 2795 - 2799.

[49] PACKARD A. Gain scheduling via linear fractional transformations[J]. Systems & Control Letters, 1994, 22(2): 79 - 92.

[50] BECKER G, PACKARD A. Robust performance of linear parametrically varying systems using parametrically-dependent linear feedback [J]. Systems & Control Letters, 1994, 23(3): 205 - 215.

[51] SHEN Y, YU J, LUO G, et al. Missile autopilot design based on robust LPV control [J]. Journal of Systems Engineering and Electronics, 2017, 28(3): 536 - 545.

[52] PELLANDA P C, APKARIAN P, TUAN H D. Missile autopilot design via a multichannel LFT/LPV control method[J]. International Journal of Robust and Nonlinear Control, 2002, 12(1): 1 - 20.

[53] WU F, PACKARD A, BALAS G. LPV control design for pitch-axis missile autopilots[C]//IEEE. Proceedings of the 34th IEEE Conference on Decision and Control. Piscataway: IEEE Press, 1995: 188 - 193.

[54] GANGULI S, MARCOS A, BALAS G. Reconfigurable LPV control design for Boeing 747-100/200 longitudinal axis[C]//IEEE. Proceedings of the 2002 American Control Conference. Piscataway: IEEE Press, 2002: 3612 - 3617.

[55] SHIN J Y, GREGORY I. Robust gain-scheduled fault tolerant control for a transport aircraft[C]//IEEE. Proceedings of the 2007 International Conference on Control Applications. Piscataway: IEEE Press, 2007: 1209 - 1214.

[56] NAGISHIO T, KIDA T. Robust attitude controller design of linear parameter varying spacecraft via μ synthesis and gain scheduling[C]//IEEE. Proceedings of the 1999 IEEE International Conference on Control Applications. Piscataway: IEEE Press, 1999: 979 - 984.

[57] GHERSIN A S, PENA R S S. LPV control of a 6-DOF vehicle [J]. IEEE Transactions on Control Systems Technology, 2002, 10(6): 883 - 887.

[58] KAJIWARA H, APKARIAN P, GAHINET P. LPV techniques for control of an inverted pendulum[J]. IEEE Control Systems, 1999, 19(1): 44 - 54.

[59] HEEMELS W, JOHANSSON K H, TABUADA P. An introduction to event-triggered and self-triggered control [C]//IEEE. Proceedings of the 51st Annual Conference on Decision and Control (CDC). Piscataway: IEEE Press, 2012: 3270 - 3285.

[60] WAKAIKI M, YAMAMOTO Y. Stability analysis of sampled-data switched systems with quantization[J]. Automatica, 2016, 69: 157 - 168.

[61] TABUADA P. Event-triggered real-time scheduling of stabilizing control tasks[J]. IEEE Transactions on Automatic Control, 2007, 52(9): 1680 - 1685.

[62] BORGERS D P N, HEEMELS W M. Event-separation properties of event-triggered control systems[J]. IEEE Transactions on Automatic Control, 2014, 59(10): 2644 - 2656.

[63] FAN Q Y, YANG G H. Sampled-data output feedback control based on a new event-triggered control scheme[J]. Information Sciences, 2017,414: 306 - 318.

[64] LIU T, JIANG Z P. Event-based control of nonlinear systems with partial state and output feedback[J]. Automatica, 2015, 53: 10 - 22.

[65] LIU T, JIANG Z P. A small-gain approach to robust event-triggered control of nonlinear systems[J]. IEEE Transactions on Automatic Control, 2015, 60(8): 2072 - 2085.

[66] SUN X M, WANG X F, HONG Y, et al. Stabilization control design with parallel-triggering mechanism[J]. IEEE Transactions on Industrial Electronics, 2017, 64(4): 3260 - 3267.

[67] BRAGA M F, MORAIS C F, TOGNETTI E S, et al. Discretization and event triggered digital output feedback control of LPV systems[J]. Systems & Control Letters, 2015, 86: 54 - 65.

[68] GOLABI A, DAVOODI M, MESKIN N, et al. Event-triggered fault detection for discrete-time LPV systems[C]//IEEE. Proceedings of the 2016 Second International Conference on Event-based Control, Communication, and Signal Processing (EBCCSP). Piscataway: IEEE Press, 2016: 1 - 8.

[69] LI S, SAUTER D, XU B. Co-design of event-triggered H_∞ control for discrete-time linear parameter-varying systems with network-induced delays[J]. Journal of the Franklin Institute, 2015, 352(5): 1867 - 1892.

[70] GOLABI A, MESKIN N, TOTH R, et al. Event-triggered constant reference tracking control for discrete-time LPV systems with application to a laboratory tank system[J]. IET Control Theory & Applications, 2017, 11(16): 2680 - 2687.

[71] YANG D, ZHAO J. H_∞ output tracking control for a class of switched LPV systems and its application to an aero-engine model[J]. International Journal of Robust and Nonlinear Control, 2017, 27(12): 2102 - 2120.

[72] ZHU K, ZHAO J, LIU Y. H_∞ filtering for switched linear parameter - varying systems and its application to aero-engines[J]. IET Control Theory & Applications, 2016, 10(18): 2552 - 2558.

[73] BETT C J, LEMMON M D. Bounded amplitude performance of switched LPV systems with applications to hybrid systems[J]. Automatica, 1999, 35(3): 491 - 503.

[74] WU F. Switching LPV control design for magnetic bearing systems[C]//IEEE. Proceedings of the 2001 IEEE International Conference on Control Applications(CCA'01). Piscataway: IEEE Press, 2001: 41-46.

[75] LIM S, HOW J P. Modeling and H_∞ control for switched linear parameter-varying missile autopilot[J]. IEEE Transactions on Control Systems Technology, 2003, 11(6): 830-838.

[76] LU B, WU F, KIM S W. Switching LPV control of an F-16 aircraft via controller state reset[J]. IEEE Transactions on Control Systems Technology, 2006, 14(2): 267-277.

[77] LU B, WU F. Switching-based fault-tolerant control for an F-16 aircraft with thrust vectoring[C]//IEEE. Proceedings of the 48th IEEE Conference on Decision and Control, held jointly with the 28th Chinese Control Conference (CDC/CCC). Piscataway: IEEE Press, 2009: 8494-8499.

[78] YAN P, ÖZBAY H. On switching H_∞ controllers for a class of linear parameter varying systems[J]. Systems & Control Letters, 2007, 56(7): 504-511.

[79] BIANCHI F D, S ANCHEZ-PENA R S. A novel design approach for switched LPV controllers[J]. International Journal of Control, 2010, 83(8): 1710-1717.

[80] ZHANG L, SHI P. l_2-l_∞ model reduction for switched LPV systems with average dwell time[J]. IEEE Transactions on Automatic Control, 2008, 53(10): 2443-2448.

[81] LI J, YANG G H. Fault detection for switched linear parameter-varying systems: an average dwell-time approach[J]. IET Control Theory & Applications, 2013, 7(8): 1120-1130.

[82] ZHU K, ZHAO J. Simultaneous fault detection and control for switched LPV systems with inexact parameters and its application[J]. International Journal of Systems Science, 2017, 48(14): 2909-2920.

[83] YANG D, ZHAO J. Composite anti-disturbance control for switched systems via mixed state-dependent and time-driven switching[J]. IET Control Theory & Applications, 2016, 10(16): 1981-1990.

[84] HE X, DIMIROVSKI G M, ZHAO J. Control of switched LPV systems using common Lyapunov function method and an F-16 aircraft application[C]//IEEE. Proceedings of the 2010 IEEE International Conference on Systems Man and Cybernetics (SMC). Piscataway: IEEE Press, 2010: 386-392.

[85] LESCHER F, ZHAO J Y, BORNE P. Switching LPV controllers for a variable speed pitch regulated wind turbine[C]//IEEE. Proceedings of the IMACS Multiconference on Computational Engineering in Systems Applications. Piscataway: IEEE Press, 2006: 1334-1340.

[86] CAO Y Y, SUN Y X, CHENG C. Delay-dependent robust stabilization of uncertain systems with multiple state delays[J]. IEEE Transactions on Automatic Control,

1998, 43(11): 1608 - 1612.

[87] DEAECTO G S, GEROMEL J C, DAAFOUZ J. Dynamic output feedback H_∞ control of switched linear systems[J]. Automatica, 2011, 47(8): 1713 - 1720.

[88] BOYD S, EL GHAOUI L, FERON E, et al. Linear matrix inequalities in system and control theory[M]. Philadelphia: Society for Industrial and Applied Mathematics, 1994.

[89] HENRION D, REBERGA L, BERNUSSOU J, et al. Linearization and identification of aircraft turbofan engine models[J]. IFAC Proceedings Volumes, 2004, 37(6): 1055 - 1060.

[90] FREDERICK D K, GARG S, ADIBHATLA S. Turbofan engine control design using robust multivariable control technologies[J]. IEEE Transactions on Control Systems Technology, 2000, 8(6): 961 - 970.

[91] ZHAO H, LIU J, YU D. Approximate nonlinear modeling and feedback linearization control for aeroengines[J]. Journal of Engineering for Gas Turbines and Power, 2011, 133(11): 111601.

[92] GILBERT W, HENRION D, BERNUSSOU J, et al. Polynomial LPV synthesis applied to turbofan engines[J]. Control Engineering Practice, 2010, 18(9): 1077 - 1083.

[93] MU J, REES D, LIU G P. Advanced controller design for aircraft gas turbine engines [J]. Control Engineering Practice, 2005, 13(8): 1001-1015.

[94] PAKMEHR M, FITZGERALD N, FERON E M, et al. Gain scheduling control of gas turbine engines: Stability by computing a single quadratic Lyapunov function [C]//ASME. Proceedings of the ASME Turbo Expo 2013: Turbine Technical Conference and Exposition. American Society of Mechanical Engineers. New York: ASME Press, 2013: V004T06A027 - V004T06A027.

[95] WOLODKIN G, BALAS G J, GARRARD W L. Application of parameter-dependent robust control synthesis to turbofan engines[J]. Journal of Guidance, Control, and Dynamic, 1999, 22(6): 833 - 838.

[96] BALAS G J. Linear, parameter-varying control and its application to a turbofan engine[J]. International Journal of Robust and Nonlinear Control, 2002, 12(9): 763 - 796.

[97] MA R, ZHAO J. Backstepping design for global stabilization of switched nonlinear systems in lower triangular form under arbitrary switchings[J]. Automatica, 2010, 46(11): 1819 - 1823.

[98] FU J, MA R, CHAI T. Global finite-time stabilization of a class of switched nonlinear systems with the powers of positive odd rational numbers[J]. Automatica, 2015, 54: 360 - 373.

[99] HE X, ZHAO J. Multiple Lyapunov functions with blending for induced L_2-norm control of switched LPV systems and its application to an F-16 aircraft model[J].

Asian Journal of Control, 2014, 16(1): 149 - 161.
[100] BLANCHINI F, MIANI S, SAVORGNAN C. Stability results for linear parameter varying and switching systems[J]. Automatica, 2007, 43(10): 1817 - 1823.
[101] LI Q K, ZHAO J, DIMIROVSKI G M. Robust tracking control for switched linear systems with time-varying delays[J]. IET Control Theory & Applications, 2008, 2(6): 449 - 457.
[102] HOU L, ZONG G, WU Y, et al. Exponential $l_2 - l_\infty$ output tracking control for discrete-time switched system with time-varying delay[J]. International Journal of Robust and Nonlinear Control, 2012, 22(11): 1175 - 1194.
[103] ABDULLAH A, ZRIBI M. Model reference control of LPV systems[J]. Journal of the Franklin Institute, 2009, 346(9): 854 - 871.
[104] HUANG Y, SUN C, QIAN C, et al. Non-fragile switching tracking control for a flexible air-breathing hypersonic vehicle based on polytopic LPV model[J]. Chinese Journal of Aeronautics, 2013, 26(4): 948 - 959.
[105] LU Q, ZHANG L, KARIMI H R, et al. H_∞ control for asynchronously switched linear parameter-varying systems with mode-dependent average dwell time[J]. IET Control Theory & Applications, 2013, 7(5): 673 - 683.
[106] RICHTER H. Advanced control of turbofan engines[M]. New York: Springer Science & Business Media, 2011.
[107] HU T, LIN Z, CHEN B M. An analysis and design method for linear systems subject to actuator saturation and disturbance[J]. Automatica, 2002, 38(2): 351 - 359.
[108] FANG H, LIN Z, HU T. Analysis of linear systems in the presence of actuator saturation and L_2 - disturbances[J]. Automatica, 2004, 40(7): 1229 - 1238.
[109] LU L, LIN Z, FANG H. L_2 gain analysis for a class of switched systems[J]. Automatica, 2009, 45(4): 965 - 972.
[110] ZHAO X Q, ZHAO J. L_2 - gain analysis and output feedback control for switched delay systems with actuator saturation[J]. Journal of the Franklin Institute, 2015, 352(7): 2646 - 2664.
[111] WANG J, ZHAO J. Robust stabilisation and L_2 - gain analysis for switched systems with actuator saturation under asynchronous switching[J]. International Journal of Systems Science, 2016, 47(12): 2935 - 2944.
[112] REBERGA L, HENRION D, BERNUSSOU J, et al. LPV modeling of a turbofan engine[J]. IFAC Proceedings Volumes, 2005, 38(1): 526 - 531.
[113] WU F, YANG X H, PACKARD A, et al. Induced L_2 - norm control for LPV systems with bounded parameter variation rates[J]. International Journal of Robust and Nonlinear Control, 1996, 6(9 - 10): 983 - 998.
[114] ZHU K, ZHAO J, DIMIROVSKI G M. H_∞ tracking control for switched LPV systems with an application to aero-engines[J]. IEEE/CAA Journal of Automatica

Sinica, 2016(99): 1 - 7.

[115] ZHANG X, ZHAO J, DIMIROVSKI G M. L_2 - gain analysis and control synthesis of uncertain discrete-time switched linear systems with time delay and actuator saturation[J]. International Journal of Control, 2011, 84(10): 1746 - 1758.

[116] ZHANG L, SHI P. H_∞ ltering for a class of switched linear parameter varying systems[J]. International Journal of Systems Science, 2011, 42(5): 781 - 788.

[117] SU X, SHI P, WU L, et al. Fault detection filtering for nonlinear switched stochastic systems[J]. IEEE Transactions on Automatic Control, 2016, 61(5): 1310 - 1315.

[118] ZHANG L, BOUKAS E K, SHI P. Exponential H_∞ filtering for uncertain discrete-time switched linear systems with average dwell time: μ-dependent approach[J]. International Journal of Robust and Nonlinear Control, 2008, 18(11): 1188 - 1207.

[119] XIANG W, XIAO J, MAHMOUD M S. H_∞ filtering for switched discrete-time systems under asynchronous switching: a dwell-time dependent Lyapunov functional method[J]. International Journal of Adaptive Control and Signal Pro-cessing, 2015, 29(8): 971 - 990.

[120] HANIFZADEGAN M, NAGAMUNE R. Smooth switching LPV controller design for LPV systems[J]. Automatica, 2014, 50(5): 1481 - 1488.

[121] KANEV S, SCHERER C, VERHAEGEN M, et al. Robust output-feedback controller design via local BMI optimization[J]. Automatica, 2004, 40(7): 1115 - 1127.

[122] SATO M, PEAUCELLE D. Gain-scheduled output-feedback controllers using inexact scheduling parameters for continuous-time LPV systems[J]. Automatica, 2013, 49(4): 1019 - 1025.

[123] ZHANG H, ZHANG G, WANG J. H_∞ observer design for LPV systems with uncertain measurements on scheduling variables: Application to an electric ground vehicle[J]. IEEE/ASME Transactions on Mechatronics, 2016, 21(3): 1659 - 1670.

[124] DAAFOUZ J, BERNUSSOU J, GEROMEL J C. On inexact LPV control design of continuous-time polytopic systems[J]. IEEE Transactions on Automatic Control, 2008, 53(7): 1674 - 1678.

[125] LACERDA M J, TOGNETTI E S, OLIVEIRA R C L F, et al. A new approach to handle additive and multiplicative uncertainties in the measurement for LPV filtering [J]. International Journal of Systems Science, 2016, 47(5): 1042 - 1053.

[126] SADEGHZADEH A. Gain-scheduled filtering for linear parameter-varying systems using inexact scheduling parameters with bounded variation rates[J]. International Journal of Robust and Nonlinear Control, 2016, 26(13): 2864 - 2879.

[127] HE X, ZHANG Y, ZHANG W. Output-feedback controller design using hysteresis method for switched LPV systems with inexact parameters[C]//IEEE. Proceedings of the 33rd Chinese Control Conference. Piscataway: IEEE Press, 2014: 3893 - 3897.

[128] ZHAO P, NAGAMUNE R. Switching LPV controller design under uncertain scheduling parameters[J]. Automatica, 2017, 76: 243 - 250.

[129] ZHAI G, HU B, YASUDA K, et al. Stability analysis of switched systems with sta-ble and unstable subsystems: an average dwell time approach[J]. International Journal of Systems Science, 2001, 32(8): 1055 - 1061.

[130] WANG Y E, SUN X M, WU B. Lyapunov-Krasovskii functionals for switched nonlinear input delay systems under asynchronous switching[J]. Automatica, 2015, 61: 126 - 133.

[131] DONG H, WANG Z, GAO H. Fault detection for Markovian jump systems with sensor saturations and randomly varying nonlinearities[J]. IEEE Transactions on Circuits and Systems I: Regular Papers, 2012, 59(10): 2354 - 2362.

[132] LI S, XIANG Z, KARIMI H R. Mixed l_-/l_1 fault detection observer design for positive switched systems with time-varying delay via delta operator approach [J]. International Journal of Control, Automation and Systems, 2014, 12(4): 709 - 721.

[133] KHOSROWJERDI M J, NIKOUKHAH R, SAFARI-SHAD N. A mixed H_2/H_∞ approach to simultaneous fault detection and control[J]. Automatica, 2004, 40(2): 261 - 267.

[134] ZHONG G X, YANG G H. Robust control and fault detection for continuous-time switched systems subject to a dwell time constraint[J]. International Journal of Robust and Nonlinear Control, 2015, 25(18): 3799 - 3817.

[135] LI J, YANG G H. Simultaneous fault detection and control for switched systems with actuator faults[J]. International Journal of Systems Science, 2016, 47(10): 2411 - 2427.

[136] ZHAO X, LIU H, WANG Z. Weighted H_∞ performance analysis of switched linear systems with mode-dependent average dwell time [J]. International Journal of Systems Science, 2013, 44(11): 2130 - 2139.

[137] WANG X, MA D. Event-triggered control for continuous-time switched systems [C]//IEEE. Proceedings of the 27th Chinese Control and Decision Conference (2015 CCDC). Piscataway: IEEE Press, 2015: 1143 - 1148.

[138] LI T F, FU J. Event-triggered control of switched linear systems[J]. Journal of the Franklin Institute, 2017,354(15): 6451 - 6462.

[139] XIANG W, JOHNSON T T. Event-triggered control for continuous-time switched linear systems[J]. IET Control Theory & Applications, 2017, 11(11): 1694 - 1703.